PLC 应用技术

主　编　许火勇　黄　伟
副主编　梁　莹　黄贤聪　杨正强
　　　　黄文进　黎振浩

北京理工大学出版社
BEIJING INSTITUTE OF TECHNOLOGY PRESS

图书在版编目（CIP）数据

PLC 应用技术 / 许火勇，黄伟主编. —北京：北京理工大学出版社，2018.6
ISBN 978-7-5682-5857-9

Ⅰ. ①P… Ⅱ. ①许… ②黄… Ⅲ. ①PLC 技术–教材 Ⅳ. ①TM571.61

中国版本图书馆 CIP 数据核字（2018）第 149628 号

出版发行 / 北京理工大学出版社有限责任公司
社　　址 / 北京市海淀区中关村南大街 5 号
邮　　编 / 100081
电　　话 / （010）68914775（总编室）
　　　　　 （010）82562903（教材售后服务热线）
　　　　　 （010）68948351（其他图书服务热线）
网　　址 / http://www.bitpress.com.cn
经　　销 / 全国各地新华书店
印　　刷 / 北京国马印刷厂
开　　本 / 787 毫米×1092 毫米　1/16
印　　张 / 6
字　　数 / 141 千字
版　　次 / 2018 年 6 月第 1 版　2018 年 6 月第 1 次印刷
定　　价 / 31.00 元

责任编辑 / 张鑫星
文案编辑 / 张鑫星
责任校对 / 周瑞红
责任印制 / 李　洋

前　　言

本书以机电（电气自动化）岗位工作任务分析为基础，以维修电工（中级、高级）职业技能等级考核标准为依据，以综合职业能力培养为目标，以典型工作任务为载体，以学生为中心，运用一体化课程开发技术规程，根据典型工作任务和工作过程设计课程教学内容和教学方法。课程在编写过程中根据企业岗位和教学需求设计教材内容，使知识技能点的深度、难度、广度与实际需求相匹配，并依据行业发展趋势淘汰陈旧过时的内容，补充新知识、新技术、新设备、新材料等方面的内容，保证教材的科学性和规范性。

本书共设计了 6 个项目、14 个学习任务，每个学习任务下设计了若干个学习活动，每个学习活动通过多个教学环节来完成。每个学习活动都尽可能使用图片、实物照片、表格等形式将知识点生动地展示出来。逐步培养学生的专业能力、方法能力、社会能力和职业素养，实现"做学合一"的工学结合课程理念。

本书具备以下特点：

（1）任务驱动。通过学习任务的方式，引导学生进行自主学习，充分利用教材学习与互联网搜索等学习方式，提高学生学习的积极性。

（2）做学合一。以工作任务为中心，实现理论与实践的一体化教学，将理论知识点融入具体的项目实践，实现"做中学""学中做"相结合。

（3）培养四大能力。任务分析能力、程序编写能力、现场调试能力以及排除故障能力。

（4）引入职业标准。工作任务选取与设计中参考并融入了维修电工中、高级职业技能鉴定的内容，使该课程同时满足维修电工中、高级职业资格培训需要。

（5）课程的必要性。本书为机电（电气自动化）、数控、电子电工类学生必修的专业核心课，为后续专业课程的学习提供理论基础。

本书的完成是团队协作的结果，具体分工如下：许火勇老师编写了项目 1、项目 2 的内容，并负责全书的统稿工作，黄伟老师编写了项目 3 的内容，并负责全书的编排模式设计；梁莹老师编写了项目 4 的内容，黄贤聪、杨正强老师编写了项目 5 的内容，黄文进、黎振浩老师编写了项目 6 的内容。

本书在编写过程中，广州超远机电科技有限公司等企业单位也给予大力支持与帮助，在此一并衷心感谢。

因编写水平和经验有限，书中难免存在不足和错误之处，恳请各位专家和读者批评指正。

编　者

目　录

项目 1　PLC 基础知识

本项目的主要目的是了解 PLC 在实际生产、生活中的应用；掌握 PLC 的基本功能、结构及工作原理；熟悉 GX DEVELOPER 编程软件的使用。

✅ 项目目标

知识目标

（1）会描述 PLC 的结构及工作原理。

（2）会说出 PLC 的外部端口。

（3）会描述 PLC 在实际生产、生活中的应用。

能力目标

（1）会进行 PLC 选型、I/O 接口分配。

（2）能看懂 PLC 接线图，并能根据接线图进行 PLC 外部接线。

（3）能进行 PLC 编程软件的操作。

素质目标

（1）养成独立思考和动手操作的习惯。

（2）养成小组协调合作的能力和互相学习的精神。

任务 1　认 知 PLC

✅ 任务目标

（1）描述 PLC 的结构及工作原理。

（2）能说出 PLC 的含义、品牌型号和代表含义。

（3）描述 PLC 在实际生产、生活中的应用。

（4）会进行 PLC 选型、I/O 接口分配，能看懂 PLC 接线图，并能根据接线图进行 PLC 外部接线。

✅ 工作任务

（1）观看 PLC 在工业生产、现实生活中的应用录像，描述 PLC 的应用。

（2）参观 PLC 实训室，说出 PLC 的品牌及型号。

（3）观看一个开关控制一盏彩灯的 PLC 演示实验，描述 PLC 的结构及工作原理。

（4）根据电动机正反转控制电路图（图 1-1），完成 PLC 外部接线。

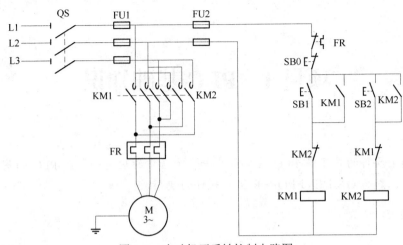

图 1-1　电动机正反转控制电路图

🗸 **知识链接**

一、PLC 的分类及特点

可编程控制器简称 PLC（Programmable Logic Controller），在 1987 年国际电工委员会（International Electrical Committee）颁布的《PLC 标准草案》中对 PLC 做了如下定义：PLC 是一种专门为在工业环境下应用而设计的数字运算操作的电子装置。它采用可以编制程序的存储器，在其内部存储执行逻辑运算、顺序运算、计时、计数和算术运算等操作的指令，并能通过数字式或模拟式的输入和输出，控制各种类型的机械或生产过程。PLC 及其有关的外围设备都应该按易于与工业控制系统形成一个整体，易于扩展其功能的原则而设计。

1. PLC 的分类

（1）按产地分，PLC 可分为日本系列、欧美系列、韩国系列、中国系列等。其中，日本系列具有代表性的为三菱、欧姆龙、松下、光洋等；欧美系列具有代表性的为西门子、A-B 自动化、通用电气、德州仪表等；韩国系列具有代表性的为 LG 等；中国系列具有代表性的为合利时、浙江中控等。

（2）按点数分，PLC 可分为大型机、中型机及小型机等。大型机一般 I/O 点数（输入/输出端子数）大于 2 048 点，具有多 CPU，16 位/32 位处理器，用户存储器容量 8～16 KB，具有代表性的为西门子 S7-400 系列、通用公司的 GE-Ⅳ 系列等；中型机一般 I/O 点数为 256～2 048 点；单/双 CPU，用户存储器容量 2～8 KB，具有代表性的为西门子 S7-300 系列、三菱 Q 系列等；小型机一般 I/O 点数小于 256 点，单 CPU，8 位或 16 位处理器，用户存储器容量 4 KB 以下，具有代表性的为西门子 S7-200 系列、三菱 FX 系列等。

（3）按结构分，PLC 可分为整体式和模块式。整体式 PLC 是将电源、CPU、I/O（输入/输出）接口等部件都集中装在一个机箱内，具有结构紧凑、体积小、价格低的特点；小型 PLC 一般采用这种整体式结构。模块式 PLC 由不同 I/O 点数的基本单元（又称主机）和扩展单元组成。基本单元内有 CPU、I/O 接口、与 I/O 扩展单元相连的扩展口以及与编程器或 EPROM

写入器相连的接口等；扩展单元内只有 I/O 和电源等，没有 CPU。基本单元和扩展单元之间一般用扁平电缆连接。整体式 PLC 一般还可配备特殊功能单元，如模拟量单元、位置控制单元等，使其功能得以扩展。这种模块式 PLC 的特点是配置灵活，可根据需要选配不同规模的系统，而且装配方便，便于扩展和维修。大、中型 PLC 一般采用模块式结构。还有一些 PLC 将整体式和模块式的特点结合起来，构成所谓叠装式 PLC。

（4）按功能分，PLC 可分为低档、中档、高档三类。低档 PLC 具有逻辑运算、定时、计数、移位以及自诊断、监控等基本功能；还可有少量模拟量输入/输出、算术运算、数据传送和比较、通信等功能；主要用于逻辑控制、顺序控制或少量模拟量控制的单机控制系统。中档 PLC 除具有低档 PLC 的功能外，还具有较强的模拟量输入/输出、算术运算、数据传送和比较、数制转换、远程 I/O、子程序、通信联网等功能；有些还可增设中断控制、PID 控制等功能，适用于复杂控制系统。高档 PLC 除具有中档 PLC 的功能外，还增加了带符号算术运算、矩阵运算、位逻辑运算、平方根运算及其他特殊功能函数的运算、制表及表格传送功能等；高档 PLC 机具有更强的通信联网功能，可用于大规模过程控制或构成分布式网络控制系统，实现工厂自动化。

2. PLC 的特点

（1）可靠性高，抗干扰能力强。

高可靠性是电气控制设备的关键性能。PLC 由于采用现代大规模集成电路技术，采用严格的生产工艺制造，内部电路采取了先进的抗干扰技术，具有很高的可靠性。一些使用冗余 CPU 的 PLC 的平均无故障工作时间则更长。从 PLC 的机外电路来说，使用 PLC 构成控制系统，和同等规模的继电接触器系统相比，电气接线及开关接点已减少到数百甚至数千分之一，因此故障率大大降低。此外，PLC 带有硬件故障自我检测功能，出现故障时可及时发出警报信息。在应用软件中，应用者还可以编入外围器件的故障自诊断程序，使系统中除 PLC 以外的电路及设备也获得故障自诊断保护。这样，整个系统具有极高的可靠性。

（2）配套齐全，功能完善，适用性强。

PLC 发展到今天，已经形成了大、中、小各种规模的系列化产品，可以用于各种规模的工业控制场合。除了具有逻辑处理功能以外，现代 PLC 大多具有完善的数据运算能力，可用于各种数字控制领域。近年来，PLC 的功能单元大量涌现，使 PLC 渗透到了位置控制、温度控制、CNC 等各种工业控制中，加上 PLC 通信能力的增强及人机界面技术的发展，使用 PLC 组成各种控制系统变得非常容易。

（3）易学易用，深受工程技术人员欢迎。

PLC 作为通用工业控制计算机，是面向工矿企业的工控设备。它接口容易，编程语言易于工程技术人员接受；梯形图语言的图形符号与表达方式和继电器电路图相当接近，只用 PLC 的少量开关量逻辑控制指令就可以方便地实现继电器电路的功能。这些都为不熟悉电子电路、不懂计算机原理和汇编语言的人使用计算机从事工业控制提供了方便。

（4）系统的设计、建造工作量小，维护方便，容易改造。

PLC 用存储逻辑代替接线逻辑，大大减少了控制设备外部的接线，使控制系统设计及建造的周期大为缩短，同时使其维护也变得容易起来；更重要的是，使同一设备经过改变程序进而改变生产过程成为可能。这很适合多品种、小批量的生产场合。

（5）体积小，重量轻，能耗低。

以超小型 PLC 为例，新近研发的品种底部尺寸小于 100 mm，重量小于 150 g，功耗仅数瓦。由于体积小，很容易装入机械内部，使 PLC 成为实现机电一体化的理想控制设备。

3. PLC 的应用领域

目前，PLC 在国内外已广泛应用于钢铁、石油、化工、电力、建材、机械制造、汽车、轻纺、交通运输、环保及文化娱乐等各个行业，使用情况大致可归纳为以下几类。

1）开关量的逻辑控制

这是 PLC 最基本、最广泛的应用领域，它取代传统的继电器电路，实现逻辑控制、顺序控制，既可用于单台设备的控制，也可用于多机群控及自动化流水线，如注塑机、印刷机、订书机械、组合机床、磨床、包装生产线、电镀流水线等。

2）模拟量控制

在工业生产过程中，有许多连续变化的量，如温度、压力、流量、液位和速度等，都属于模拟量。为了使可编程控制器处理模拟量，必须实现模拟量（Analog）和数字量（Digital）之间的 A/D 转换及 D/A 转换。PLC 厂家都生产配套的 A/D 和 D/A 转换模块，使可编程控制器用于模拟量控制。

3）运动控制

PLC 可以用于圆周运动或直线运动的控制。从控制机构配置来说，早期直接用于开关量 I/O 模块连接位置传感器和执行机构，现在一般使用专用的运动控制模块，如可驱动步进电动机或伺服电动机的单轴或多轴位置控制模块。世界上各主要 PLC 厂家的产品几乎都有运动控制功能，广泛用于各种机械及机床、机器人、电梯等场合。

4）过程控制

过程控制是指对温度、压力、流量等模拟量的闭环控制。作为工业控制计算机，PLC 能编制各种各样的控制算法程序，完成闭环控制。PID 调节是一般闭环控制系统中用得较多的调节方法。大、中型 PLC 都有 PID 模块。目前，许多小型 PLC 也具有此功能模块。PID 处理一般是运行专用的 PID 子程序。过程控制在冶金、化工、热处理、锅炉控制等场合有非常广泛的应用。

5）数据处理

现代 PLC 具有数学运算（含矩阵运算、函数运算、逻辑运算），数据传送，数据转换，排序，查表，位操作等功能，可以完成数据的采集、分析及处理。这些数据可以与存储在存储器中的参考值比较，完成一定的控制操作，也可以利用通信功能传送到别的智能装置，或将它们打印制表。数据处理一般用于大型控制系统，如无人控制的柔性制造系统；也可用于过程控制系统，如造纸、冶金、食品工业中的一些大型控制系统。

6）通信及联网

PLC 通信含 PLC 间的通信及 PLC 与其他智能设备间的通信。随着计算机控制的发展，工厂自动化网络发展得很快，各 PLC 厂商都十分重视 PLC 的通信功能，纷纷推出各自的网络系统。新近生产的 PLC 都具有通信接口，使通信非常方便。

二、PLC 的结构及工作原理

1. PLC 的结构

PLC 的种类繁多，功能和指令系统也各不相同，但其结构（图 1-2）及工作原理大同小异，通常都是由主机、输入/输出（I/O）接口、电源、编程器、输入/输出（I/O）扩展接口和外部设备接口等几个主要部分组成。

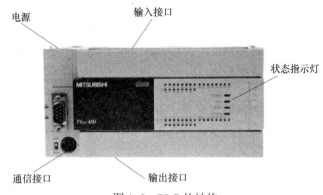

图 1-2　PLC 的结构

1）主机

主机部分包括中央处理器（CPU）、系统程序存储器和用户程序及数据存储器。CPU 是 PLC 的核心，它用以运行用户程序、监控输入/输出接口状态、做出逻辑判断和进行数据处理，即读取输入变量，完成用户指令规定的各种操作，将结果送到输出端，并响应外部设备（如编程器、电脑、打印机等）的请求以及进行各种内部判断等。PLC 的内部存储器有两类，一类是系统程序存储器，主要存放系统管理和监控程序及对用户程序做编译处理的程序，系统程序已由厂家固定，用户不能更改；另一类是用户程序及数据存储器，主要存放用户编制的应用程序及各种暂存数据和中间结果。

2）输入/输出（I/O）接口

I/O 接口是 PLC 与输入/输出设备连接的部件。输入接口接收输入设备（如按钮、传感器、触点、行程开关等）的控制信号。输出接口是将经主机处理后的结果通过功放电路去驱动输出设备（如接触器、电磁阀、指示灯等）。I/O 接口一般采用光电耦合电路，以减少电磁干扰，从而提高可靠性。I/O 点数即输入/输出端子数，是 PLC 的一项主要技术指标，通常小型机有几十个点，中型机有几百个点，大型机将超过千点。

3）电源

图 1-2 中电源是指为 CPU、存储器、I/O 接口等内部电子电路工作所配置的直流开关稳压电源，通常也为输入设备提供直流电源。

4）编程器

编程器是 PLC 的一种主要的外部设备，用于手持编程，用户可用于输入、检查、修改、调试程序或监示 PLC 的工作情况。除手持编程器外，还可通过适配器和专用电缆线将 PLC 与电脑连接，并利用专用的工具软件进行电脑编程和监控。

5）输入/输出（I/O）扩展接口

I/O 扩展接口用于连接扩充外部输入/输出端子数的扩展单元和基本单元（即主机）。

6）外部设备接口

外部设备接口可将编程器、打印机、条码扫描仪等外部设备与主机相连，以完成相应的操作。

2. PLC 的工作原理

PLC 是采用"顺序扫描，不断循环"的方式进行工作的。即在 PLC 运行时，CPU 根据用户按控制要求编制好并存于用户存储器中的程序，按指令步序号（或地址号）做周期性循环扫描，如无跳转指令，则从第一条指令开始逐条执行用户程序，直至程序结束；然后重新返回第一条指令，开始下一轮新的扫描。在每次扫描过程中，还要完成对输入信号的采样和对输出状态的刷新等工作。

PLC 扫描的一个周期必须包括输入采样、程序执行和输出刷新三个阶段。

PLC 在输入采样阶段：首先以扫描方式按顺序将所有暂存在输入锁存器中的输入端子的通断状态或输入数据读入，并将其写入各对应的输入状态寄存器中，即刷新输入；随即关闭输入端口，进入程序执行阶段。

PLC 在程序执行阶段：按用户程序指令存放的先后顺序扫描、执行每条指令，执行的结果再写入输出状态寄存器中，输出状态寄存器中所有的内容随着程序的执行而改变。

PLC 在输出刷新阶段：当所有指令执行完毕，输出状态寄存器的通断状态在输出刷新阶段送至输出锁存器中，并通过一定的方式（继电器、晶体管或晶闸管）输出，驱动相应输出设备工作。

三、三菱 FX 系列 PLC 的硬件组成及指令系统

1. 硬件组成

三菱 FX 系列 PLC 是将一个微处理器、一个集成电源和数字量 I/O 点集成在一个紧凑的封装中，从而形成一个功能强大的微型 PLC，如图 1–3 所示。

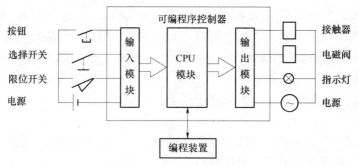

图 1–3　FX 系列 PLC

CPU：负责执行程序和存储数据，以便对工业自动控制任务或过程进行控制。

输入和输出时系统的控制点：输入部分从现场设备中（如传感器或开关）采集信号，输出部分则控制泵、电动机、指示灯以及工业过程中的其他设备。

电源：向 CPU 及所连接的任何模块提供电力支持。

通信接口：用于连接 CPU 与上位机或其他工业设备。

状态指示灯：显示 CPU 的工作模式，本机 I/O 的当前状态以及检查出的系统错误。

2. 指令系统

1）常用基本指令（表1-1）

表1-1　常用基本指令

名　称	助记符	目 标 元 件	说　明
取指令	LD	X，Y，M，S，T，C	常开接点逻辑运算起始
取反指令	LDI	X，Y，M，S，T，C	常闭接点逻辑运算起始
线圈驱动指令	OUT	Y，M，S，T，C	驱动线圈的输出
与指令	AND	X，Y，M，S，T，C	单个常开接点的串联
与非指令	ANI	X，Y，M，S，T，C	单个常闭接点的串联
或指令	OR	X，Y，M，S，T，C	单个常开接点的并联
或非指令	ORI	X，Y，M，S，T，C	单个常闭接点的并联
或块指令	ORB	无	串联电路块的并联连接
与块指令	ANB	无	并联电路块的串联连接
主控指令	MC	Y，M	公共串联接点的连接
主控复位指令	MCR	Y，M	MC 的复位
置位指令	SET	Y，M，S	使动作保持
复位指令	RST	Y，M，S，D，V，Z，T，C	使操作保持复位
上升沿产生脉冲指令	PLS	Y，M	输入信号上升沿产生脉冲输出
下降沿产生脉冲指令	PLF	Y，M	输入信号下降沿产生脉冲输出
空操作指令	NOP	无	使步序做空操作
程序结束指令	END	无	程序结束

2）线圈驱动指令 LD、LDI、OUT

LD 为取指令，表示一个与输入母线相连的动合接点指令，即动合接点逻辑运算起始。

LDI 为取反指令，表示一个与输入母线相连的动断接点指令，即动断接点逻辑运算起始。

LD、LDI 两条指令的目标元件是 X、Y、M、S、T、C，用于将接点接到母线上。这两条指令可以与后述的 ANB 指令、ORB 指令配合使用，也可使用在分支起点。

OUT 是驱动线圈的输出指令。它的目标元件是 Y、M、S、T、C。OUT 指令可以连续使用多次，但对输入继电器不能使用。

OUT 指令后，通过接点对其他线圈使用 OUT 指令称为纵输出或连续输出。这种连续输出如果顺序没错，可以多次重复。

LD、LDI 是一个程序步指令，这里的一个程序步即一个"字"。OUT 是多程序步指令，程序步多少要视目标元件而定。当 OUT 指令的目标元件是定时器和计数器时，必须设置常数"K"。

3）接点串联指令 AND、ANI

AND 为与指令，用于单个动合接点的串联。

ANI 为与非指令，用于单个动断接点的串联。

AND 与 ANI 都是一个程序步指令，它们串联接点的个数没有限制，也就是说，这两条指令可以多次重复使用。这两条指令的目标元件为 X、Y、M、S、T、C。

4）接点并联指令 OR、ORI

OR 为或指令，用于单个动合接点的并联。

ORI 为或非指令，用于单个动断接点的并联。

OR 与 ORI 指令都是一个程序步指令，它们的目标元件是 X、Y、M、S、T、C，这两条指令都是一个接点。需要两个以上接点串联连接电路块的并联连接时，要用后述的 ORB 指令。

OR、ORI 是从该指令的当前步开始，对前面的 LD、LDI 指令并联连接；并联的次数无限制。

5）串联电路块的并联连接指令 ORB

两个或两个以上接点串联连接的电路称为串联电路块。串联电路块并联连接时，分支开始用 LD、LDI 指令，分支结束用 ORB 指令。ORB 指令与后述的 ANB 指令均为无目标元件指令，而两条无目标元件指令的步长都为一个程序步。ORB 有时也称为"或块指令"。

ORB 指令的使用方法有两种：一种是在要并联的每个串联电路后加 ORB 指令；另一种是集中使用 ORB 指令。对于前者分散使用 ORB 指令时，并联电路块的个数没有限制，但对于后者集中使用 ORB 指令时，这种电路块并联的个数不能超过 8 个（即重复使用 LD、LDI 指令的次数限制在 8 次以下），所以一般不推荐用后者编程。

6）并联电路的串联连接指令 ANB

两个或两个以上接点并联连接的电路称为并联电路块，分支电路并联电路块与前面电路串联连接时，使用 ANB 指令。分支的起点用 LD、LDI 指令，并联电路结束后，使用 ANB 指令与前面电路串联。ANB 指令也称"与块指令"。ANB 指令无操作目标元件，是一个程序步指令。

7）主控及主控复位指令 MC、MCR

MC 为主控指令，用于公共串联接点的连接；MCR 为主控复位指令，即 MC 的复位指令。在编程时，经常遇到多个线圈同时受到一个或一组接点控制。如果在每个线圈的控制电路中都串联同样的接点，将多占用存储单元，应用主控指令可以解决这一问题。使用主控指令的接点称为主控接点，它在梯形图中与一般的接点垂直。它们是与母线相连的动合接点，是控制一组电路的总开关。

MC 指令是 3 程序步，MCR 指令是 2 程序步，两条指令的操作目标元件是 Y、M，但不允许使用特殊辅助继电器 M。

8）置位与复位指令 SET、RST

SET 为置位指令，使动作保持；RST 为复位指令，使操作保持复位。SET 指令的操作目标元件为 Y、M、S。而 RST 指令的操作目标元件为 Y、M、S、D、V、Z、T、C。这两条指令是 1～3 个程序步。用 RST 指令可以对定时器、计数器、数据寄存、变址寄存器的内容清零。

9）脉冲输出指令 PLS、PLF

PLS 指令在输入信号上升沿产生脉冲输出，而 PLF 在输入信号下降沿产生脉冲输出。这两条指令都是 2 程序步，它们的目标元件是 Y 和 M，但特殊辅助继电器不能做目标元件。使用 PLS 指令，目标元件 Y、M 仅在驱动输入接通后的一个扫描周期内动作（置 1）。而使用

PLF 指令，目标元件 Y、M 仅在驱动输入断开后的一个扫描周期内动作。

使用这两条指令时，要特别注意目标元件。例如，在驱动输入接通时，PLC 由运行到停机再到运行，此时 PLS M0 动作，但 PLS M600（断电时，电池后备的辅助继电器）不动作。这是因为 M600 是特殊保持继电器，即使在断电停机时，其动作也能保持。

10）空操作指令 NOP

NOP 为空操作指令，是一条无动作、无目标元件的 1 程序步指令。空操作指令使该步序做空操作。用 NOP 指令替代已写入指令，可以改变电路。在程序中加入 NOP 指令，在改动或追加程序时可以减少步序号的改变。

11）程序结束指令 END

END 为程序结束指令，是一条无目标元件的 1 程序步指令。PLC 反复进行输入处理、程序运算、输出处理。若在程序最后写入 END 指令，则 END 以后的程序就不再执行，直接进行输出处理。在程序调试过程中，按段插入 END 指令，可以按顺序扩大对各程序段动作的检查。采用 END 指令将程序划分为若干段，在确认处于前面电路块的动作正确无误之后，依次删去 END 指令。需要注意的是，在执行 END 指令时，也刷新了监视时钟。

四、PLC 控制系统的设计与故障诊断

1. 分析被控对象

根据生产的工艺过程分析控制要求，分析被控对象的工艺过程及工作特点，了解被控对象机、电之间的配合，确定被控对象对 PLC 控制系统的控制要求。如需要完成的动作（动作顺序、动作条件、必需的保护和连锁等），操作方式（手动、自动、连续、单周期、单步）等。

2. 确定输入/输出设备

根据系统的控制要求，确定系统所需的输入设备（如按钮、位置开关、转换开关等）和输出设备（如接触器、电磁阀、信号指示灯等），并据此确定 PLC 的 I/O 点数。

3. 选择 PLC

选择 PLC 包括对 PLC 的机型、容量、I/O 模块、电源的选择。

4. 分配 I/O 点

分配 PLC 的 I/O 点，画出 PLC 的 I/O 端子与输入/输出设备的连接图或对应表（可结合确定输入/输出设备进行）。

5. 设计软件及硬件

根据 I/O 分配表，连接输入端、输出端的电气元件，并通过 GX-DEVELOPER 编程软件完成程序的编写。

6. 联机调试

联机调试是指将模拟调试通过的程序进行在线统调。

7. 整理技术文件

整理的技术文件包括设计说明书、电气安装图、电气元件明细表及使用说明书等。

五、PLC 的应用及展望

1. PLC 的国内外状况

世界上公认的第一台 PLC 是 1969 年由美国数字设备公司（DEC）研制。限于当时的元

器件条件及计算机发展水平，早期的 PLC 主要由分立元件和中小规模集成电路组成，可以完成简单的逻辑控制及定时、计数功能。20 世纪 70 年代初出现了微处理器。人们很快将其引入可编程控制器，使 PLC 增加了运算、数据传送及处理等功能，完成了真正具有计算机特征的工业控制装置。为了方便熟悉继电器、接触器系统的工程技术人员使用，可编程控制器采用和继电器电路图类似的梯形图作为主要编程语言，并将参加运算及处理的计算机存储元件都以继电器命名。此时的 PLC 是微机技术和继电器常规控制概念相结合的产物。

20 世纪 70 年代中期至末期，可编程控制器进入实用化发展阶段，计算机技术已全面引入可编程控制器中，使其功能发生了飞跃。更高的运算速度、超小型体积、更可靠的工业抗干扰设计、模拟量运算、PID 功能及极高的性价比奠定了它在现代工业中的地位。20 世纪 80 年代初，可编程控制器在先进工业国家中已获得广泛应用。这一时期，可编程控制器发展的特点是大规模、高速度、高性能、产品系列化；另一个特点是世界上生产可编程控制器的国家日益增多，产量日益上升。这标志着可编程控制器已步入成熟阶段。

20 世纪末，可编程控制器的发展特点是更加适应现代工业的需要。从控制规模来说，这个时期发展了大型机和超小型机；从控制能力来说，诞生了各种各样的特殊功能单元，用于压力、温度、转速、位移等各式各样的控制场合；从产品的配套能力来说，生产了各种人机界面单元、通信单元，使应用可编程控制器的工业控制设备的配套更加容易。目前，可编程控制器在机械制造、石油化工、冶金钢铁、汽车、轻工业等领域的应用都得到了长足的发展。我国可编程控制器的引进、应用、研制、生产是伴随着改革开放开始的。最初是在引进设备中大量使用可编程控制器；之后则在各种企业的生产设备及产品中不断扩大 PLC 的应用；目前，我国自己已可以生产中小型可编程控制器。上海东屋电气有限公司生产的 CF 系列、杭州机床电气厂生产的 DKK 及 D 系列、大连组合机床研究所生产的 S 系列、苏州电子计算机厂生产的 YZ 系列等多种产品已具备一定的规模并在工业产品中获得了应用。此外，无锡华光公司、上海乡岛公司等中外合资企业也是我国比较著名的 PLC 生产厂家。可以预知，随着我国现代化进程的深入，PLC 在我国将有更广阔的应用天地。

2. PLC 未来展望

进入 21 世纪，PLC 得到了更大的发展。从技术层面来看，计算机技术的新成果会更多地应用于可编程控制器的设计和制造上，会有运算速度更快、存储容量更大、智能更强的品种出现；从产品规模来看，会进一步向超小型及超大型方向发展；从产品的配套性来看，产品的品种会更丰富，规格会更齐全，完美的人机界面、完备的通信设备会更好地适应各种工业控制场合的需求；从市场层面来看，各国各自生产多品种产品的情况会随着国际竞争的加剧而打破，会出现少数几个品牌垄断国际市场的局面，会出现国际通用的编程语言；从网络的发展情况来看，可编程控制器和其他工业控制计算机组网构成大型的控制系统是可编程控制器技术的发展方向。目前的计算机集散控制系统（Distributed Control System，DCS）中已有大量的可编程控制器应用。伴随着计算机网络的发展，可编程控制器作为自动化控制网络和国际通用网络的重要组成部分，将在工业及工业以外的众多领域发挥越来越大的作用。

✓ **任务实施**

（1）观看 PLC 在工业生产、现实生活中的应用录像，描述 PLC 的特点及其应用。

（2）参观 PLC 实训室，将 PLC 的品牌及型号填写于表 1-2 中。

表 1-2 PLC 的品牌及型号

序号	品牌	型号
1		
2		

（3）观看一个用开关控制一盏彩灯的 PLC 控制演示实验，认识 FX3U 系列 PLC 主机，描述 PLC 的结构及其工作原理。

① 描述 FX3U 系列 PLC 主机的外形和结构。

② 描述 FX3U 系列 PLC 主机的面板：

a. 电源输入端口和信号输入接口；

b. 电源输出端口和信号输出接口；

c. 面板上的各个信号指示灯；

d. 打开面板盖和外围设备接线插座盖板，熟悉各外设接口和 RUN/STOP 开关。

③ 描述 PLC 的结构及其工作原理。

（4）根据电动机正反转控制电路图（图 1-1）、I/O 接口分配表（表 1-3）以及 PLC 安装接线图（图 1-4），完成 PLC 外部接线。

① I/O 接口分配表，如表 1-3 所示。

表 1-3 I/O 接口分配表

输入点编号	所连接的主令电器	输出点编号	所控制负载
X000	停止按钮 SB0	Y001	正转接触器 KM1
X001	正转启动按钮 SB1	Y002	反转接触器 KM2
X002	反转启动按钮 SB2		

② PLC 安装接线图，如图 1-4 所示。

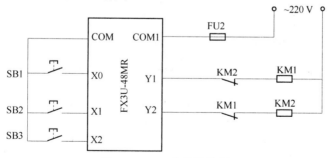

图 1-4 PLC 安装接线图

③ 完成 PLC 外部接线。

✓ 任务评价

一、自我评价（40 分）

由学生根据项目完成情况进行自我评价，评分值记录于表 1-4 中。

表1-4　自我评价表

任务内容	配分	评分标准	扣分	得分
1. 接线	40 分	PLC I/O 接口、电源接口接线正确可以得满分，接线错误每处可酌情扣 2～3 分		
2. 情况记录	10 分	记录完整且正确可得满分，不完整或出错每处可酌情扣 2～3 分		
3. 语言表达	30 分	任务描述清晰、完整、正确可得满分，语言表达欠缺可酌情扣 2～3 分		
4. 安全、文明操作	20 分	（1）违反操作规程，产生不安全因素，可酌情扣 7～10 分； （2）迟到、早退、工作场地不清洁，每次扣 1～2 分		
总评分=（1～4 项总分）×40%				

签名：_____　____年____月____日

二、小组评价（30分）

由同一小组实训同学结合自评的情况进行互评，将评分值记录于表 1-5 中。

表1-5　小组评价表

任务内容	配分	得分
1. 实训记录与自我评价情况	20 分	
2. 对实训室规章制度学习与掌握情况	20 分	
3. 相互帮助与协助能力	20 分	
4. 安全、质量意识与责任心	20 分	
5. 能否主动参与整理工具、器材和清洁场地	20 分	
总评分=（1～5 项总分）×30%		

参加评价人员签名：_____　____年____月____日

三、教师评价（30分）

由指导教师结合自评和互评的结果进行综合评价，并将评价意见与评分值记录于表 1-6 中。

表1-6　教师评价表

教师总体评价意见：	
教师评分（30 分）	
总评分=自我评分+小组评分+教师评分	

教师签名：_____　____年____月____日

任务2 GX DEVELOPER 编程软件的使用

任务目标

（1）熟悉编程软件的主界面组成以及各图标的含义、功能，会正确创建项目。

（2）会描述符号表的含义，并正确编辑符号表。

（3）能使用编程软件编制梯形图程序，并编译、下载、运行和调试程序。

工作任务

使用 GX DEVELOPER 编程软件，完成如图 1-5 所示梯形图的编辑。

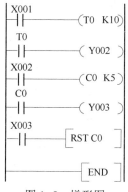

图 1-5 梯形图

任务分析

本任务的目的是通过对如图 1-5 所示梯形图进行编程，能够初步学会 GX DEVELOPER 编程软件的使用。要完成本任务，需要了解 GX DEVELOPER 编程软件的组成、图标含义及功能，需要学会项目建立的步骤及方法，符号表的含义及编辑方法，程序指令的输入方法，程序的编译、下载、运行及调试方法等，这些都是以后进行 PLC 编程的基础，也是本任务的重点。

知识链接

一、GX DEVELOPER 软件认识

三菱 FX 系列 PLC 电脑编程软件（GX DEVELOPER）能对包括 FX3U 等多种机型的梯形图、指令表和 SFC 进行编程，并能自由地进行切换。该软件还可以对程序进行编辑、改错及核对，并可将计算机屏幕上的程序写入 PLC 中，或从 PLC 中进行读取；还可以对运行中的程序进行监控及在线修改等。

1. GX DEVELOPER 软件的编辑环境

该软件的启动通常有两种方式。一是双击桌面的 GX DEVELOPER 编程软件的快捷图标；二是单击桌面"开始"→"程序"→"MELSOFT 应用程序"→"GX DEVELOPER"，打开 GX DEVELOPER 编程软件的编辑界面，如图 1–6 所示。

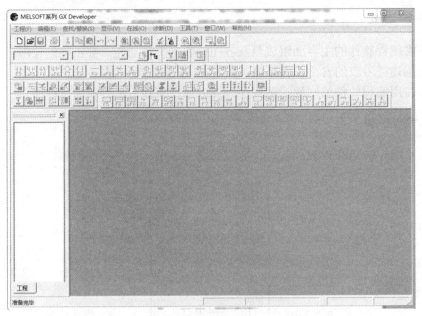

图 1–6　GX DEVELOPER 编程软件的编辑界面

2. PLC 程序上传

第一步：单击菜单栏中的"在线"→"传输设置"，弹出"传输设置"对话框，如图 1–7 所示。选择正确的串行口后，单击"确认"按钮。

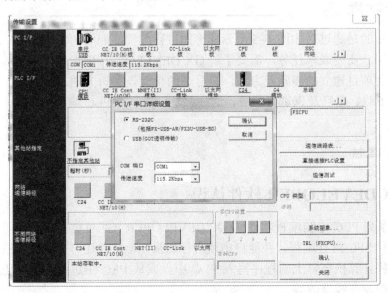

图 1–7　"传输设置"对话框

第二步：单击菜单栏中的"在线"→"PLC读取"，弹出"PLC读取"对话框，如图1-8所示。选择需要的数据选项，单击"执行"按钮，等待几分钟，PLC程序即上传到编程软件程序界面，并通过"工程"→"保存工程"存入相应的文件夹中。

图1-8 "PLC读取"对话框

3. 程序编辑菜单

单击菜单栏中的"工程"→"创建新工程"，弹出"创建新工程"窗口，选择好型号后单击"确定"按钮，出现如图1-9所示梯形图编辑界面，界面显示左/右母线、编辑区、光标位置、菜单栏、工具栏、功能图栏、标题栏等。

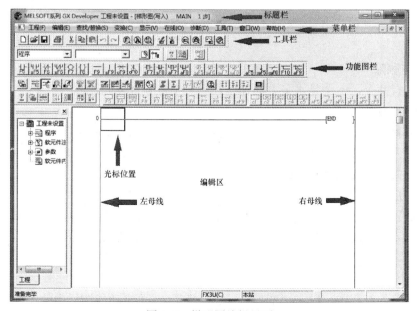

图1-9 梯形图编辑界面

二、程序生成与下载

1. 新建程序文件

单击"工程"→"创建新工程",选择 PLC 型号"FX3U",单击"确认"按钮。

2. 输入元件

将光标(深蓝色矩形框)放置在预置元件位置上,然后单击"工具"→"触点(或线圈)",或是单击功能图栏中的 (触点)或 (线圈),弹出"梯形图输入"对话框,如图 1–10 所示,输入元件号如"X001""Y001",定时器 T 和计数 C 的元件号和设定值用空格符隔开。可以直接输入应用指令,指令助记符和各操作数之间用空格符隔开,如图 1–11 所示。

图 1–10 "梯形图输入"对话框

图 1–11 应用指令输入

3. 连线与删除

连线方向有两个,一个是水平方向连线,另一个是垂直方向连线。

1)水平方向连线和删除

将光标放置在预放置水平方向连线的地方,然后单击功能图栏中图标 。

删除水平方向连线的方法:将光标选中准备删除的水平方向连线,然后单击功能图栏中图标 (或直接按键盘的"Delete"键)。

2)垂直方向连线和删除

将光标放置在预放置垂直方向连线的右上方,然后单击功能图栏中图标 。

删除垂直方向连线的方法:将光标选中准备删除的垂直方向连线的右上方,然后单击功能图栏中图标 。

4. 程序的转换

在编写程序的过程中,单击"变换"→"变换"(或单击功能图栏中的图标),可以对已编写的梯形图进行语法检查。如果没有错误,就将梯形图转换成指令格式并存放在计算机中，同时梯形图编程界面由灰色变成白色；如果出错，系统将提示"梯形图错误"。

5. 程序的下载

首先，将 PLC 主机 RUN/STOP 开关拨到"STOP"位置，或者单击"在线"→"远程操作"→"STOP"→"执行"。

然后，单击"在线"→"PLC 写入"，弹出"PLC 写入"窗口，如图 1-12 所示。选择"选择所有"，单击"执行"按钮，编程软件将程序写入 PLC 的程序存储器中。

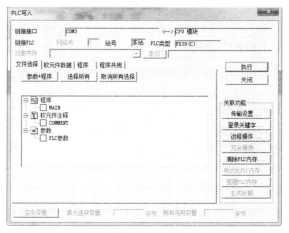

图 1-12 "PLC 写入"窗口

三、监控

在 GX DEVELOPER 编程环境中，可以监控各元件的状态，还可以通过强制执行来改变软元件的状态，这些功能主要在"在线"菜单中完成，其界面如图 1-13 所示。

图 1-13 "监视模式"菜单界面

将编辑好的程序下载到 PLC 中后，将 PLC 主机的 RUN/STOP 开关拨到"RUN"位置，PLC 开始运行程序。例如，单击"在线"→"监视"→"监视模式"，PLC 进入运行监视模式。

编程元件的状态、数据，可以通过编程环境进行在线监控，其操作为单击"在线"→"监视"→"软元件批量"。

任务实施

1. 编辑操作

（1）编程准备。

① 将 PLC 主机置于"停机"状态。

② 接通计算机和 PLC 电源。

（2）编程操作。

① 打开 GX DEVELOPER 编程软件，建立一个程序文件。

② 采用梯形图编程方法，先将图 1-5 所示的梯形图程序输入计算机，并通过编辑操作对输入程序进行修改和检查。然后将编辑好的程序保存在 D 盘指定位置，并将文件命名为"测试程序"。

（3）程序下载。

打开程序文件，通过"PLC 写入"菜单将文件"测试程序"写入 PLC。

2. 运行程序

（1）根据梯形图程序，将 PLC 的 I/O 接口与外部实验开关连接好。

（2）接通 PLC 运行开关，PLC 面板上的 RUN 灯亮，表明程序已投入运行。

（3）操作有关输入信号，在不同输入状态下观察输入/输出指示灯变化。

① 闭合开关 X000，观察 Y001 的状态。

② 闭合开关 X001，观察 T0、Y002 的状态。

③ 使开关 X002 通断 5 次，观察 Y001、Y003 的状态；闭合 X003，观察 C0、Y003 的状态。

若输出指示灯状态与程序要求一致，表明程序运行正常。

3. 监控操作

元件监视：监视 X000～X003、Y000～Y003 的 ON/OFF 状态，监视 T0、T1 和 C0 的设定值和当前值，并将结果填于表 1-7 中。

表 1-7　元件监视结果

元件	ON/OFF	元件	ON/OFF	元件	设定值	当前值
X000		Y000		T0		
X001		Y001		C0		
X002		Y002		T1		
X003		Y003				

☑ 任务评价

一、自我评价（40分）

由学生根据项目完成情况进行自我评价，评分值记录于表1-8中。

表1-8 自我评价表

任务内容	配分	评分标准	扣分	得分
1. 程序输入	40分	能够正确输入程序可得满分，输入程序出错每处可酌情扣2～3分		
2. 运行程序	30分	能够正确运行程序并记录运行结果可得满分，出错每处可酌情扣2～3分		
3. 运行情况记录	10分	记录完整且正确可得满分，不完整或出错每处可酌情扣2～3分		
4. 安全、文明操作	20分	（1）违反操作规程，产生不安全因素，可酌情扣7～10分； （2）迟到、早退、工作场地不清洁，每次扣1～2分		
总评分=（1～4项总分）×40%				

签名：_____ ____年____月____日

二、小组评价（30分）

由同一小组实训同学结合自评的情况进行互评，将评分值记录于表1-9中。

表1-9 小组评价表

任务内容	配分	得分
1. 实训记录与自我评价情况	20分	
2. 对实训室规章制度的学习与掌握情况	20分	
3. 相互帮助与协助能力	20分	
4. 安全、质量意识与责任心	20分	
5. 能否主动参与整理工具、器材和清洁场地	20分	
总评分=（1～5项总分）×30%		

参加评价人员签名：_____ ____年____月____日

三、教师评价（30分）

由指导教师结合自评和互评的结果进行综合评价，并将评价意见与评分值记录于表1-10中。

表1-10 教师评价表

教师总体评价意见：	
教师评分（30分）	
总评分=自我评分+小组评分+教师评分	

教师签名：_____ ____年____月____日

✅ **项目小结**

（1）PLC 的硬件结构主要包括主机、输入/输出（I/O）接口、电源、编程器、输入/输出（I/O）扩展接口和外部设备接口等。

（2）PLC 采用"循环扫描，不断循环"的工作方式进行周期性地工作，每个周期分为输入采样、程序执行和输出刷新三个阶段。

（3）PLC 有两种基本的工作模式，即运行（RUN）模式和停止（STOP）模式。

（4）PLC 常用的编程语言：梯形图、语句表、功能块图、顺序功能图等。

（5）三菱 GX DEVELOPER 编程软件应用于三菱全部 PLC 编程软件，可用于梯形图、指令表（助记符）编程，可进行编程语言之间的相互转换，可以对程序运行状态和运行中各元件的状态实施监控。因此，必须熟悉掌握编程软件的使用。

✅ **研讨与训练**

1. 接线练习

（1）输入：S0——X000；输出：L0——Y000。

（2）输入：K0——X000；输出：L0——Y002。

（3）输入：S0——X002；输出：L0——Y002，L1——Y005。

（4）输入：S1——X000，K0——X001；输出：L1——Y000，L2——Y006。

2. PLC 通电调试

在接线练习第 1 题中第（4）小题的接线基础上，打开 PLC 电源，按下或松开 S1，闭合或断开 K0，观察输入指示灯情况。

3. 软件操作使用

打开软件→切换到梯形图状态→调出功能键→停止程序→书写一段程序，传送到 PLC→运行程序→外部控制，观察控制现象。

项目 2　三相异步电动机 PLC 改造

　　本项目的主要目的是对手电钻、自动卷闸门、卷扬机、消防泵进行 PLC 改造；学会电动机的点动 PLC 控制、连续 PLC 控制、正反转 PLC 控制和丫—△降压启动 PLC 控制；学会常用基本指令的功能、编程、程序输入、运行及调试方法。

项目目标

知识目标

（1）会描述常用基本指令的功能。

（2）会描述编程元件输入继电器（X）、输出继电器（Y）的功能。

能力目标

（1）能运用常用基本指令实现控制功能。

（2）能用编程软件进行程序的编制、输入、运行、调试。

（3）能根据控制要求进行 I/O 接口分配，绘制 PLC 外部接线图，进行 PLC 外部接线。

（4）能对电动机进行 PLC 改造，学会用 PLC 进行电动机的点动控制、连续控制、正反转控制和丫—△降压启动控制。

素质目标

（1）养成独立思考和动手操作的习惯。

（2）养成小组协调合作的能力和互相学习的精神。

任务 1　手电钻 PLC 控制改造

任务目标

（1）会描述输入继电器（X）和输出继电器（Y）的功能。

（2）会用 LD、OUT、END 指令设计程序。

（3）能根据控制要求进行 I/O 接口分配，绘制 PLC 外部接线图，进行 PLC 外部接线。

（4）会根据任务分析进行手电钻控制电路程序的设计、安装与调试。

工作任务

　　用 PLC 实现对手电钻的控制改造。本任务就是使用 PLC 控制方案取代传统继电器的控制方案，即使用 PLC 控制手电钻的电动机点动运转，如图 2-1 所示。任务要求如下：

　　（1）按下手电钻启动按钮，手电钻开始动作；松开手电钻启动按钮，手电钻停止动作。

（2）用 PLC 方式实现此电路的功能。

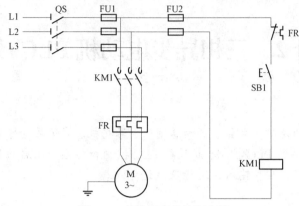

图 2-1　电动机点动控制电路

手电钻电路控制实际就是电动机的点动控制。所谓点动，就是按下按钮电动机就运转，松开按钮电动机就停转的方式。PLC 改造主要是针对控制电路进行改造，而主电路部分则保留不变。在控制电路图 2-1 中，启动按钮 SB1 属于输入元件，产生控制指令，应与 PLC 的输入端子相连接；而接触器 KM1 属于被控对象（或负载），即输出元件，应与 PLC 的输出端子相连接。对于线路图中按钮、触点、线圈的串、并联逻辑关系，应采用 PLC 内部的编程元件输入继电器 X、输出继电器 Y 以及 PLC 的基本位逻辑指令编写控制程序。

FX3U 系列可编程控制器的主要编程元件有：

1. 输入继电器（X）

FX3U 系列可编程控制器输入继电器的编号范围为 X000～X027。

输入继电器与 PLC 输入端相连，用于 PLC 接收外部信号，如开关、传感器等输入信号。输入继电器必须由外部信号来驱动，不能用程序来驱动。它有无数对常开触点和常闭触点，这些触点在 PLC 内可自由使用。

2. 输出继电器（Y）

输出继电器的编号范围为 Y000～Y027。

输出继电器是 PLC 用来输送信号到外部负载的元件。输出继电器只能用程序指令来驱动。每一个输出继电器有一个外部输出的常开触点；而内部的软触点，不管是常开还是常闭，都可以无限次地自由使用。

一、I/O 分配

在进行接线与编程之前，首先要确定输入/输出设备与 PLC 的 I/O 接口对应关系问题，即要进行 I/O 接口分配工作，只有将 I/O 分配工作结束后，才能绘制 PLC 接线图，也才能具体进行程序的编写工作。因此，I/O 分配是选择确定了输入/输出设备后首先要做的工作。

如何进行 I/O 分配？具体来说，就是将每一个输入设备对应一个输入点，将每一个输出设备对应一个输出点。为了绘制 PLC 接线图及运用 PLC 编程，I/O 分配后应形成一个 I/O 分配表，明确表示输入/输出设备有哪些，分别对应 PLC 哪些点，这就是 PLC 的 I/O 分配。手电钻 PLC 控制 I/O 分配，如表 2-1 所示。

表 2-1   手电钻 PLC 控制 I/O 分配

输 入 信 号			输 出 信 号		
名称	代号	输入点编号	名称	代号	输出点编号
启动按钮	SB1	X000	接触器	KM1	Y000

二、绘制 PLC 接线图

PLC 接线图如图 2-2 所示，按图 2-2 进行硬件接线。

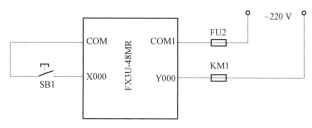

图 2-2   PLC 接线图

三、按控制要求编制梯形图

（1）创建及保存项目。

（2）编辑符号表。

（3）编写并输入梯形图程序。控制梯形图如图 2-3 所示。

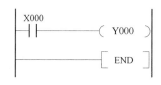

图 2-3   控制梯形图

四、安装、上机调试并运行程序

操作：装入应用程序，设置 PLC 为运行状态。按下 SB1、KM1，吸合指示灯亮；松开 SB1、KM1，触头断开，指示灯灭。

✓ **任务评价**

一、自我评价（40分）

由学生根据项目完成情况进行自我评价，评分值记录于表2-2中。

表2-2　自我评价表

任务内容	配分	评分标准	扣分	得分
1. 接线	10分	PLC I/O接口、电源接口接线正确可得满分，接线错误每处可酌情扣2~3分		
2. 程序输入	30分	能够正确输入程序可得满分，输入程序出错每处可酌情扣2~3分		
3. 运行程序	30分	能够正确运行程序并记录运行结果可得满分，出错每处可酌情扣2~3分		
4. 运行情况记录	10分	记录完整且正确可得满分，不完整或出错每处可酌情扣2~3分		
5. 安全、文明操作	20分	（1）违反操作规程，产生不安全因素，可酌情扣7~10分； （2）迟到、早退、工作场地不清洁，每次扣1~2分		
总评分=（1~5项总分）×40%				

签名：＿＿＿＿＿　＿＿＿年＿＿月＿＿日

二、小组评价（30分）

由同一小组实训同学结合自评的情况进行互评，将评分值记录于表2-3中。

表2-3　小组评价表

任务内容	配分	得分
1. 实训记录与自我评价情况	20分	
2. 对实训室规章制度学习与掌握情况	20分	
3. 相互帮助与协助能力	20分	
4. 安全、质量意识与责任心	20分	
5. 能否主动参与整理工具、器材和清洁场地	20分	
总评分=（1~5项总分）×30%		

参加评价人员签名：＿＿＿＿＿　＿＿＿年＿＿月＿＿日

三、教师评价（30分）

由指导教师结合自评和互评的结果进行综合评价，并将评价意见与评分值记录于表2-4中。

表 2–4　教师评价表

教师总体评价意见：	
教师评分（30 分）	
总评分=自我评分+小组评分+教师评分	

教师签名：＿＿＿＿＿＿＿＿　＿＿＿＿年＿＿＿月＿＿＿日

任务 2　自动卷闸门 PLC 控制改造

任务目标

（1）会描述输入继电器（X）和输出继电器（Y）的功能。

（2）会描述 AND、ANI、OR、ORI 指令功能。

（3）能根据控制要求进行 I/O 接口分配，绘制 PLC 外部接线图，进行 PLC 外部接线。

（4）能利用触点串、并联实现三相异步电动机的连续运行，进行自动卷闸门的 PLC 控制。

（5）根据任务分析进行程序的编写、安装与调试。

工作任务

用 PLC 实现对自动卷闸门的 PLC 控制。本任务就是使用 PLC 控制方案取代传统继电器的控制方案，即使用 PLC 控制自动卷闸门启动、连续运转、停止，如图 2–4 所示。任务要求如下：

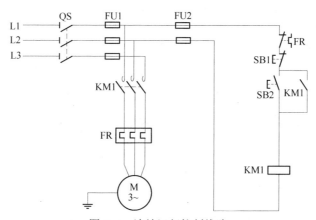

图 2–4　连续运行控制线路

（1）按下自动卷闸门的启动按钮，卷闸门打开；按下停止按钮，卷闸门停止。

（2）用 PLC 方式实现此电路的功能。

任务分析

　　自动卷闸门控制实际上是电动机的连续运行控制。所谓电动机连续控制，即按下启动按钮，电动机就得电启动运行；按下停止按钮，电动机就失电停止。PLC改造主要针对控制电路进行改造，而主电路部分则保留不变。在控制电路图2-4中，启动按钮SB1、停止按钮SB2、热继电器FR属于输入元件，产生控制指令，应与PLC的输入端子相连接；而接触器KM属于被控对象（或负载），即输出元件，应与PLC的输出端子相连接。对于线路图中按钮、触点、线圈的串、并联逻辑关系，应采用PLC内部的编程元件输入继电器X、输出继电器Y以及PLC的基本位逻辑指令编写控制程序。

任务实施

一、I/O分配

　　自动卷闸门PLC控制I/O分配，如表2-5所示。

表2-5　自动卷闸门PLC控制I/O分配

输入信号			输出信号		
名称	代号	输入点编号	名称	代号	输出点编号
停止按钮	SB1	X000	接触器	KM1	Y000
启动按钮	SB2	X001			

二、绘制PLC接线图

　　PLC接线图如图2-5所示，按图2-5进行硬件接线。

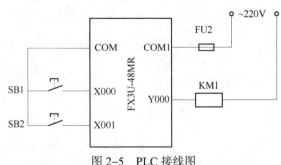

图2-5　PLC接线图

三、按控制要求编制梯形图

　　（1）创建及保存项目。
　　（2）编辑符号表。
　　（3）编写并输入梯形图程序。控制梯形图如图2-6所示。

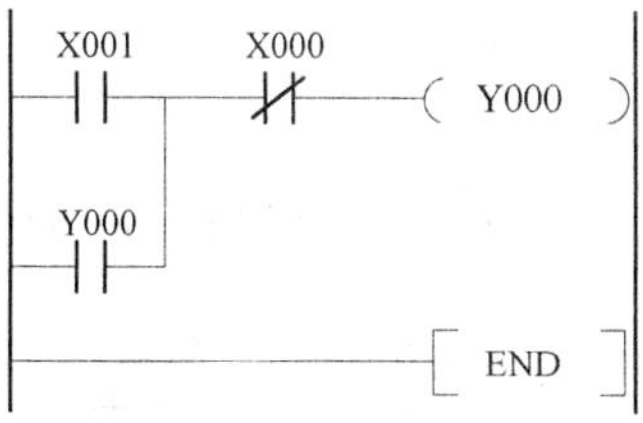

图 2-6　控制梯形图

四、安装、上机调试并运行程序

操作：装入应用程序，设置 PLC 为运行状态。按下 SB2、KM1，吸合指示灯亮；按下 SB1、KM1，触头断开，指示灯灭。

✓ **任务评价**

一、自我评价（40 分）

由学生根据项目完成情况进行自我评价，评分值记录于表 2-6 中。

表 2-6　自我评价表

任务内容	配分	评分标准	扣分	得分
1. 接线	10 分	PLC I/O 接口、电源接口接线正确可得满分，接线错误每处可酌情扣 2～3 分		
2. 程序输入	30 分	能够正确输入程序可得满分，输入程序出错每处可酌扣 2～3 分		
3. 运行程序	30 分	能够正确运行程序并记录运行结果可得满分，出错每处可酌情扣 2～3 分		
4. 运行情况记录	10 分	记录完整且正确可得满分，不完整或出错每处可酌情扣 2～3 分		
5. 安全、文明操作	20 分	（1）违反操作规程，产生不安全因素，可酌情扣 7～10 分； （2）迟到、早退、工作场地不清洁，每次扣 1～2 分		
总评分=（1～5 项总分）×40%				

签名：_____　_____年____月____日

二、小组评价（30 分）

由同一小组实训同学结合自评的情况进行互评，将评分值记录于表 2-7 中。

表 2-7　小组评价表

项目内容	配分	得分
1. 实训记录与自我评价情况	20 分	
2. 对实训室规章制度学习与掌握情况	20 分	
3. 相互帮助与协助能力	20 分	
4. 安全、质量意识与责任心	20 分	
5. 能否主动参与整理工具、器材和清洁场地	20 分	
总评分=（1～5 项总分）×30%		

参加评价人员签名：_____　_____年____月____日

三、教师评价（30分）

由指导教师结合自评和互评的结果进行综合评价，并将评价意见与评分值记录于表2-8中。

表2-8 教师评价表

教师总体评价意见：	
教师评分（30分）	
总评分=自我评分+小组评分+教师评分	

教师签名：_____　____年____月____日

任务3　卷扬机PLC控制改造

任务目标

（1）会描述ORB、ANB指令功能。
（2）能根据控制要求进行I/O接口分配，绘制PLC外部接线图，进行PLC外部接线。
（3）能利用"启—保—停"基本电路实现三相异步电动机的正反转控制。
（4）根据任务分析，对卷扬机PLC改造程序进行设计、安装与调试。

工作任务

用PLC实现对卷扬机的PLC控制改造。本任务就是使用PLC控制方案取代传统继电器的控制方案，即使用PLC控制卷扬机电动机的正反转，如图2-7所示。任务要求如下：

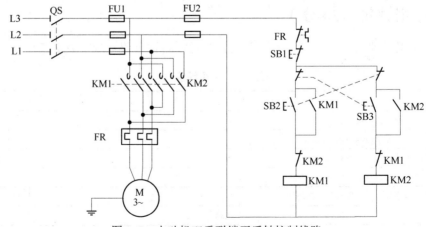

图2-7　电动机双重联锁正反转控制线路

（1）当按下正转启动按钮 SB2 时，电动机正转启动运行；当按下反转启动按钮 SB3 时，电动机停止正转并开始反转启动运行；当按下停止按钮 SB1 时，电动机停止运行。

（2）当按下反转启动按钮 SB3 时，电动机反转启动运行；当按下正转启动按钮 SB2 时，电动机停止反转并开始正转启动运行；当按下停止按钮 SB1 时，电动机停止运行。

（3）用 PLC 控制方式实现此电路的功能。

任务分析

如图 2-7 所示，电动机正反转控制线路的功能采用 PLC 控制系统来完成时，仍然需要保留主电路部分，而控制电路的功能则由 PLC 执行程序取代。通过对如图 2-7 所示的控制线路的工作原理进行分析可知，采用按钮联锁，即把两个复合按钮 SB2、SB3 的常闭触头串联在对方的控制电路中，目的是让电动机正、反转可以直接切换，操作方便。采用接触器联锁，即把两个接触器的常闭触头也串联在对方的控制电路中，目的是防止接触器 KM1 和 KM2 因同时得电而造成电源相间短路。这些控制特点都应该在 PLC 梯形图程序中予以体现。

任务实施

一、I/O 分配

卷扬机 PLC 控制 I/O 分配，如表 2-9 所示。

表 2-9　卷扬机 PLC 控制 I/O 分配

输 入 信 号			输 出 信 号		
名称	代号	输入点编号	名称	代号	输出点编号
停止按钮	SB1	X000	接触器	KM1	Y001
正向启动按钮	SB2	X001	接触器	KM2	Y002
反向启动按钮	SB3	X002			

二、绘制 PLC 接线图

PLC 接线图如图 2-8 所示，按图 2-8 进行硬件接线。

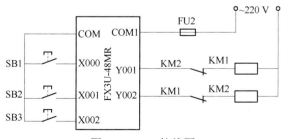

图 2-8　PLC 接线图

三、按控制要求编制梯形图

（1）创建及保存项目。

（2）编辑符号表。

（3）编写并输入梯形图程序。

控制梯形图如图 2-9 所示。

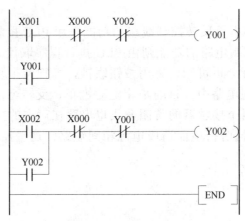

图 2-9　控制梯形图

四、安装、上机调试并运行程序

安装、上机调试并运行程序，并把观察结果填入表 2-10 中。

表 2-10　调试记录表

操作步骤	操作内容	观察内容	观察结果
1	将 RUN/STOP 开关拨到"RUN"位置	RUN 灯	
2	按下正转启动按钮 SB2		
3	按下停止按钮 SB1		
4	按下反转启动按钮 SB3		
5	按下停止按钮 SB1	观察输入指示灯、输出指示灯的情况	
6	按下正转启动按钮 SB2		
7	按下反转启动按钮 SB3		
8	按下正转启动按钮 SB2		
9	按下停止按钮 SB1		
10	将 RUN/STOP 开关拨到"STOP"位置	RUN 灯	

任务评价

一、自我评价（40 分）

由学生根据项目完成情况进行自我评价，评分值记录于表 2-11 中。

表 2-11 自我评价表

任务内容	配分	评分标准	扣分	得分
1. 接线	10 分	PLC I/O 接口、电源接口接线正确可得满分，接线错误每处可酌情扣 2～3 分		
2. 程序输入	30 分	能够正确输入程序可得满分，输入程序出错每处可酌情扣 2～3 分		
3. 运行程序	30 分	能够正确运行程序并记录运行结果可得满分，出错每处可酌情扣 2～3 分		
4. 运行情况记录	10 分	记录完整且正确可得满分，不完整或出错每处可酌情扣 2～3 分		
5. 安全、文明操作	20 分	（1）违反操作规程，产生不安全因素，可酌情扣 7～10 分； （2）迟到、早退、工作场地不清洁，每次扣 1～2 分		
总评分=（1～5 项总分）×40%				

签名：_____ ____年____月____日

二、小组评价（30 分）

由同一小组实训同学结合自评的情况进行互评，将评分值记录于表 2-12 中。

表 2-12 小组评价表

任务内容	配分	得分
1. 实训记录与自我评价情况	20 分	
2. 对实训室规章制度学习与掌握情况	20 分	
3. 相互帮助与协助能力	20 分	
4. 安全、质量意识与责任心	20 分	
5. 能否主动参与整理工具、器材和清洁场地	20 分	
总评分=（1～5 项总分）×30%		

参加评价人员签名：_____ ____年____月____日

三、教师评价（30 分）

由指导教师结合自评和互评的结果进行综合评价，并将评价意见与评分值记录于表 2-13 中。

表 2-13 教师评价表

教师总体评价意见：	
教师评分（30 分）	
总评分=自我评分+小组评分+教师评分	

教师签名：_____ ____年____月____日

任务 4 消防泵 PLC 控制改造

（1）熟练应用 LD、LDI、OR、ORI、AND、ANI、OUT、END 等基本指令。

（2）熟练使用编程软件进行编程。

（3）能根据控制要求进行 I/O 接口分配，绘制 PLC 外部接线图，进行 PLC 外部接线。

（4）能利用基本指令实现三相异步电动机Y-△（星-三角）降压启动控制，设计消防泵 PLC 控制改造程序，并进行安装与调试。

✅ **工作任务**

用 PLC 实现对消防泵的 PLC 控制改造。本任务就是使用 PLC 控制方案取代传统继电器的控制方案，即使用 PLC 控制消防泵电动机Y-△降压启动，如图 2-10 所示。

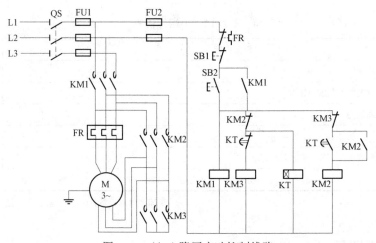

图 2-10 Y-△降压启动控制线路

任务要求如下：

（1）当按下启动按钮 SB2 时，KM1、KM3 和 KT 同时吸合并自锁，此时，电动机接成Y连接启动。随着转速升高，电动机电流下降，KT 延时达到整定值，其延时断开的常闭触点断开、常开触点闭合，从而使 KM3 断电释放，KM2 通电吸合自锁，此时，电动机转换成△连接正常运行。停止时，只要按下停止按钮 SB1，KM1 和 KM2 相继断电释放，电动机停止。

（2）用 PLC 控制方式实现此电路的功能。

✅ **任务分析**

如图 2-10 所示，本任务涉及接触器 KM2 与 KM3 的切换，当按下启动按钮 SB2 时，KM1、KM3 得电并自锁，电动机先做Y连接启动；随着转速升高，电动机电流下降，KT 延时达到整定值，其延时断开的常闭触点断开、常开触点闭合，从而使 KM3 断电释放，KM2 通电吸合自锁，此时，电动机转换成△连接正常运行。当按下停止按钮 SB1 或当热继电器 FR 动作时，电动机停止运行。另外，在实施控制时，接触器 KM2 与接触器 KM3 不能同时通电，否则会造成电源短路。

 任务实施

一、I/O 分配表

消防泵 PLC 控制 I/O 分配，如表 2-14 所示。

表 2-14　消防泵 PLC 控制 I/O 分配

输 入 信 号			输 出 信 号		
名称	代号	输入点编号	名称	代号	输出点编号
停止按钮	SB1	X001	接触器	KM1	Y001
启动按钮	SB2	X002	接触器	KM2	Y002
			接触器	KM3	Y003

二、绘制 PLC 接线图

PLC 接线图如图 2-11 所示，按图 2-11 进行硬件接线。

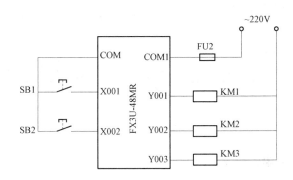

图 2-11　PLC 接线图

三、按控制要求编制梯形图

（1）创建及保存项目。

（2）编辑符号表。

（3）编写并输入梯形图程序。

控制梯形图如图 2-12 所示。

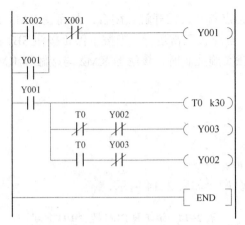

图 2-12　控制梯形图

四、安装、上机调试并运行程序

操作：装入应用程序，把 PLC 调到运行状态，当按下启动按钮 SB2 时，KM1、KM3 得电并自锁，电动机先做Y连接启动；随着转速升高，电动机电流下降，KT 延时达到整定值，其延时断开的常闭触点断开、常开触点闭合，从而使 KM3 断电释放，KM2 通电吸合自锁，此时，电动机转换成△连接正常运行。当按下停止按钮 SB1 时，电动机停止运行。根据操作步骤，将观察结果填入记录表 2-15 中。

表 2-15　调试记录表

操作步骤	操作内容	观察内容	观察结果
1	将 RUN/STOP 开关拨到"RUN"位置	RUN 灯	
2	按下启动按钮 SB2	观察输入指示灯、输出指示灯的情况	
3	按下停止按钮 SB1		
4	将 RUN/STOP 开关拨到"STOP"位置	RUN 灯	

一、自我评价（40分）

由学生根据项目完成情况进行自我评价，评分值记录于表 2-16 中。

表 2-16　自我评价表

任务内容	配分	评分标准	扣分	得分
1. 接线	10 分	PLC I/O 接口、电源接口接线正确可得满分，接线错误每处可酌情扣 2~3 分		
2. 程序输入	30 分	能够正确输入程序可得满分，输入程序出错每处可酌情扣 2~3 分		
3. 运行程序	30 分	能够正确运行程序并记录运行结果可得满分，出错每处可酌情扣 2~3 分		

任务内容	配分	评分标准	扣分	得分
4. 运行情况记录	10 分	记录完整且正确可得满分，不完整或出错每处可酌情扣 2～3 分		
5. 安全、文明操作	20 分	（1）违反操作规程，产生不安全因素，可酌情扣 7～10 分； （2）迟到、早退、工作场地不清洁，每次扣 1～2 分		
总评分=（1～5 项总分）×40%				

签名：_____ _____年____月____日

二、小组评价（30 分）

由同一小组实训同学结合自评的情况进行互评，将评分值记录于表 2-17 中。

表 2-17 小组评价表

任务内容	配分	得分
1. 实训记录与自我评价情况	20 分	
2. 对实训室规章制度学习与掌握情况	20 分	
3. 相互帮助与协助能力	20 分	
4. 安全、质量意识与责任心	20 分	
5. 能否主动参与整理工具、器材和清洁场地	20 分	
总评分=（1～5 项总分）×30%		

参加评价人员签名：_____ _____年____月____日

三、教师评价（30 分）

由指导教师结合自评和互评的结果进行综合评价，并将评价意见与评分值记录于表 2-18 中。

表 2-18 教师评价表

教师总体评价意见：	
教师评分（30 分）	
总评分=自我评分+小组评分+教师评分	

教师签名：_____ _____年____月____日

项目小结

（1）PLC 是通过编程实现硬接线的逻辑和其他功能的，因此，熟练掌握 PLC 的指令系统是充分发挥其功能的关键。FX3U 系列的 PLC 指令系统包括 27 条基本指令，2 条步进指令和

127 条功能指令。通过本项目学习，应学会运用 17 条常用基本指令（表 2-19）进行编程。

表 2-19　常用基本指令

名　　称	助记符	目 标 元 件	说　　明
取指令	LD	X、Y、M、S、T、C	常开接点逻辑运算起始
取反指令	LDI	X、Y、M、S、T、C	常闭接点逻辑运算起始
线圈驱动指令	OUT	Y、M、S、T、C	驱动线圈的输出
与指令	AND	X、Y、M、S、T、C	单个常开接点的串联
与非指令	ANI	X、Y、M、S、T、C	单个常闭接点的串联
或指令	OR	X、Y、M、S、T、C	单个常开接点的并联
或非指令	ORI	X、Y、M、S、T、C	单个常闭接点的并联
或块指令	ORB	无	串联电路块的并联连接
与块指令	ANB	无	并联电路块的串联连接
主控指令	MC	Y、M	公共串联接点的连接
主控复位指令	MCR	Y、M	MC 的复位
置位指令	SET	Y、M、S	使动作保持
复位指令	RST	Y、M、S、D、V、Z、T、C	使操作保持复位
上升沿产生脉冲指令	PLS	Y、M	输入信号上升沿产生脉冲输出
下降沿产生脉冲指令	PLF	Y、M	输入信号下降沿产生脉冲输出
空操作指令	NOP	无	使步序做空操作
程序结束指令	END	无	程序结束

（2）在本项目中，通过应用 PLC 实现对电动机的点动控制、连续运行控制、点动与连续运行控制、正反转控制以及手动Y-△降压启动控制，进一步熟悉基本指令的学习。

研讨与训练

（1）设计程序练习。

① 当刀开关 X000 闭合时，Y000 有输出；当刀开关 X000 断开时，Y000 输出停止。

② 当刀开关 X000 和 X001 同时闭合时，Y000 才有输出。（串联）

③ 当刀开关 X000 或 X001 任意一个闭合时，Y000 有输出。（并联）

④ 当按钮 X000 闭合时，Y000 有输出且能保持；当 X001 按钮按下时，Y000 的输出停止。（自锁程序）

⑤ 当按钮 X000 按下时，Y000 有输出；当按钮 X000 松开后，Y000 输出停止。当按钮 X001 按下时，Y001 有输出且保持。当按钮 X002 按下时，Y001 输出停止。

（2）楼上、楼下各有一只开关（SB1、SB2）共同控制一盏照明灯。控制要求：两只开关均可对灯的状态（亮或熄）进行控制。试用 PLC 实现上述控制要求。

（3）将三个指示灯接在输出端上。控制要求：SB0、SB1、SB2 三个按钮任意一个被按下时，灯 L0 亮；按下任意两个按钮时，灯 L1 亮；同时按下三个按钮时，灯 L2 亮；没有按钮按下时，所有灯不亮。试用所学的基本指令来实现上述控制要求。

（4）用 PLC 组成一个四组抢答器。控制要求：按下按钮盒上 AK1～AK4 中任一按钮后，显示器能及时显示该组的编号并使指示灯亮，同时锁住抢答器，其他组此时按键无效；按下复位开关后，进行下一轮抢答。试用 PLC 实现该控制要求。

（5）自动门控制原理，如图 2-13 所示。控制要求：当汽车开到门的前面时，自动门自动打开；当汽车经过门以后，自动门自动关闭；在上限 X001 为 ON 时，门不再打开，在下限 X000 为 ON 时，门不再关闭；当汽车还处于检测范围，即处于入口传感器 X002 和出口传感器 X003 中时，门将不再关闭。蜂鸣器 Y003 在自动门动作时拉响；当汽车还处于入口传感器 X002 和出口传感器 X003 中时，灯 Y002 点亮。试用 PLC 完成上述控制要求。

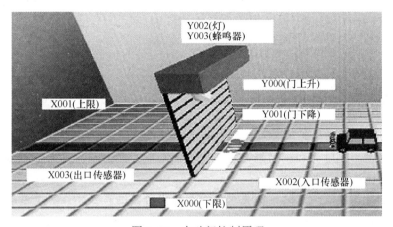

图 2-13　自动门控制原理

（6）某系统中有 3 台通风机，设计一个监视系统，监视通风机的运转。控制要求：3 台通风机有 2 台及以上开机时，绿灯常亮；只有 1 台开机时，绿灯以 1 Hz 的频率闪烁；3 台全部停机时，红灯常亮。试用 PLC 实现该控制要求，并根据控制要求编写梯形图。（说明：通风机 1～3 对应 X001，X002，X003，绿灯对应 Y001，红灯对应 Y002。）

项目 3 时 序 控 制

本项目的主要目的是通过 PLC 控制循环闪光灯和四节皮带运输机；学会应用定时器进行 PLC 的时序控制，并进一步熟悉编程软件的使用方法。

项目目标

知识目标

（1）会描述定时器的工作原理及特点。

（2）能看懂定时器的动作时序图。

能力目标

（1）能灵活运用得电延时闭合程序、断电延时断开程序、长延时程序、脉冲信号发生器。

（2）能熟练运用定时器和辅助继电器实现控制功能，熟悉程序编写、输入、运行、调试的方法。

（3）熟练分析各技能训练的控制要求，能应用定时器编写程序，实现自动控制。

素质目标

（1）养成独立思考和动手操作的习惯。

（2）养成小组协调合作的能力和互相学习的精神。

任务 1 闪烁灯控制

任务目标

（1）会描述定时器的种类和功能。

（2）能看懂定时器的动作时序图。

（3）能灵活运用得电延时闭合程序、断电延时断开程序、长延时程序、脉冲信号发生器。

（4）能用定时器设计闪烁灯的 PLC 梯形图。

工作任务

本任务就是利用定时器的功能，设计闪烁灯控制系统。如图 3-1 所示，利用音乐喷泉控制模块，设计闪烁灯控制系统，任务要求如下：

（1）按下启动按钮，彩灯 L1、L3、L5、L7 点亮，1 s 后熄灭；同时，彩灯 L2、L4、L6、L8 点亮，1 s 后熄灭，照此循环下去，直到按下停止按钮才停止。

（2）用 PLC 控制方式来实现此系统的功能。

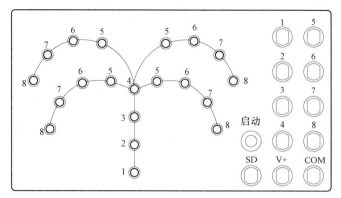

图 3-1　音乐喷泉控制模块

任务分析

如图 3-1 所示，通过 PLC 控制音乐喷泉模块彩灯的闪烁。彩灯闪烁过程如下：按下启动按钮，彩灯 L1、L3、L5、L7 点亮，1 s 后熄灭，然后彩灯 L2、L4、L6、L8 点亮，1 s 后熄灭，重复上述过程。本任务在用 PLC 控制时，需要综合运用 PLC 基本逻辑指令和定时器来设计梯形图。

知识链接

一、定时器

PLC 中的定时器（T）相当于继电器控制系统中的通电型时间继电器，它可以提供无限对常开、常闭延时触点。FX3U 系列中的定时器可分为通用定时器和积算定时器两种。它们是通过对一定周期的时钟脉冲进行累积而实现定时的，时钟脉冲有周期为 1 ms、10 ms、100 ms 三种，当所累积计数达到设定值时，触点开始动作。设定值可用常数 K 或根据数据寄存器 D 的内容来设置。

1. 通用定时器

通用定时器的特点是不具备断电保持功能，即当输入电路断开或停电时，定时器复位。通用定时器有 100 ms 通用定时器和 10 ms 通用定时器两种。

1）100 ms 通用定时器

100 ms 通用定时器（T0～T199）共 200 点，其中，T192～T199 为子程序和中断服务程序专用定时器。这类定时器是对 100 ms 时钟累积计数，设定值为 1～32 767，所以其定时范围为 0.1～3 276.7 s。

2）10 ms 通用定时器

10 ms 通用定时器（T200～T245）共 46 点。这类定时器是对 10 ms 时钟累积计数，设定值为 1～32 767，所以其定时范围为 0.01～327.67 s。

下面举例说明通用定时器的工作原理。如图 3-2 所示，当输入端口 X000 接通时，定时器 T200 从 0 开始对 10 ms 时钟脉冲进行累积计数，当计数值与设定值 K123 相等时，定时器的常开触点接通 Y000，经过的时间为 123×0.01=1.23 s。当 X000 断开后，定时器复位，计数值变为 0，其常开触点断开，Y000 也随之关闭。若外部电源断电，定时器也将复位。

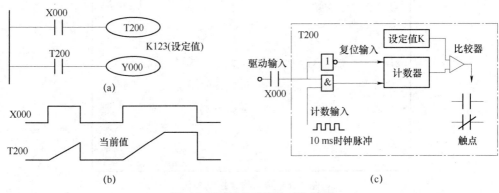

图 3-2 通用定时器的工作原理

（a）梯形图；（b）时序图；（c）逻辑电路图

2. 积算定时器

积算定时器具有计数累积的功能。在定时过程中，如果断电或定时器线圈关闭，积算定时器将保持当前的计数值（当前值），通电或定时器线圈打开后继续累积，即其当前值具有保持功能，只有将积算定时器复位，当前值才变为 0。积算定时器有 1 ms 积算定时器和 100 ms 积算定时器两种。

1）1 ms 积算定时器

1 ms 积算定时器（T246～T249）共 4 点，是对 1 ms 时钟脉冲进行累积计数，其定时范围为 0.001～32.767 s。

2）100 ms 积算定时器

100 ms 积算定时器（T250～T255）共 6 点，是对 100 ms 时钟脉冲进行累积计数，其定时范围为 0.1～3 276.7 s。

下面举例说明积算定时器的工作原理。如图 3-3 所示，当 X000 接通时，T253 当前值计数器开始累积 100 ms 时钟脉冲的个数。当 X000 经 t_0 后断开，而 T253 尚未计数到设定值 K345，其计数的当前值保留。当 X000 再次接通，T253 从保留的当前值开始继续累积，经过 t_1 时间，当前值达到 K345 时，定时器的触点动作。累积的时间为 $t_0 + t_1 = 0.1 \times 300 + 0.1 \times 45 = 34.5$（s）。当复位输入 X001 接通时，定时器才复位，当前值变为 0，触点也随之复位。

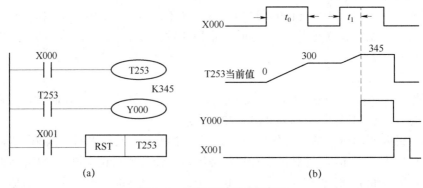

图 3-3 积算定时器工作原理

（a）梯形图；（b）时序图

二、定时器应用程序

1. 得电延时闭合程序

按下启动按钮 X001，延时 2 s 后输出 Y000 接通；当按下停止按钮 X002，输出 Y000 断开。得电延时闭合程序的梯形图及时序图，分别如图 3-4 和图 3-5 所示。

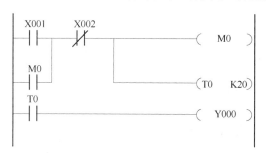

图 3-4　得电延时闭合程序的梯形图

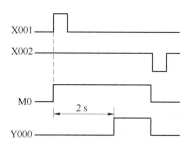

图 3-5　得电延时闭合程序的时序图

2. 断电延时断开程序

当 X000 为"ON"时，Y000 接通并自保，定时器 T0 开始得电延时；当 T0 断开的时间达到定时器设定时间 10 s 时，Y000 才由"ON"变为"OFF"，实现断电延时断开。断电延时断开程序的梯形图及时序图，分别如图 3-6 和图 3-7 所示。

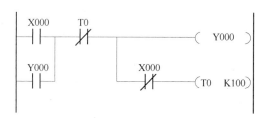

图 3-6　断电延时断开程序的梯形图

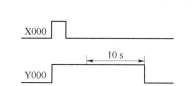

图 3-7　断电延时断开程序的时序图

3. 长延时程序

FX3U 系列的 PLC 的定时器最长延时为 3 276.7 s，因此，利用多个定时器组合，可以实现大于 3 276.7 s 的延时。但几万秒甚至更长的延时，需要利用定时器与计数器的组合来实现。长延时程序的梯形图及时序图，分别如图 3-8 和图 3-9 所示。

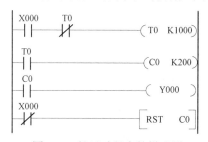

图 3-8　长延时程序的梯形图

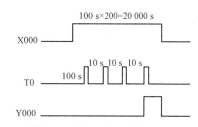

图 3-9　长延时程序的时序图

4. 脉冲信号发生器

利用定时器指令可以很方便地产生方波脉冲，而且可以根据需要通过改变定时器的时间常数，灵活调节方波脉冲的占空比。可自行编制产生方波的脉冲程序，利用两个定时器产生方波脉冲的参考程序梯形图，如图3-10所示。

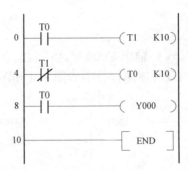

图 3-10　利用两个定时器产生方波脉冲的参考程序梯形图

三、PLC 控制系统的设计与调试步骤

（1）深入了解被控制系统。

（2）与硬件有关的设计。

（3）设计梯形图程序。

（4）梯形图程序的模拟调试。

（5）现场调试。

（6）编写技术文件。

 任务实施

一、I/O 分配

闪烁灯控制 I/O 分配，如表 3-1 所示。

表 3-1　闪烁灯控制 I/O 分配

输 入 信 号			输 出 信 号		
名称	代号	输入点编号	名称	代号	输出点编号
启动按钮	SB0	X000	彩灯 1	L1	Y000
停止按钮	SB1	X001	彩灯 2	L2	Y001
			彩灯 3	L3	Y002
			彩灯 4	L4	Y003
			彩灯 5	L5	Y004
			彩灯 6	L6	Y005
			彩灯 7	L7	Y006
			彩灯 8	L8	Y007

二、绘制 PLC 接线图

闪烁灯 PLC 接线图如图 3-11 所示，按图 3-11 进行硬件接线。

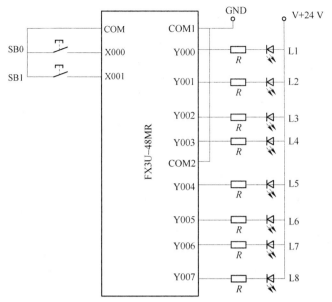

图 3-11　闪烁灯 PLC 接线图

三、按控制要求编制梯形图

（1）创建及保存项目。

（2）编辑符号表。

（3）编写并输入梯形图程序。

控制梯形图如图 3-12 所示。

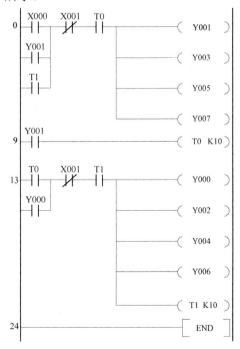

图 3-12　控制梯形图

四、安装、上机调试并运行程序

安装、上机调试并运行程序，并把观察结果填入表 3–2。

表 3–2　闪烁灯运行情况记录表

操作步骤	操作内容	观察内容	观察结果
1	将 RUN/STOP 开关拨到"RUN"位置	RUN 灯	
2	按下启动按钮 SB0	Y000～Y007 灯及 L1～L8 灯闪烁情况	
3	按下停止按钮 SB1		
4	将 RUN/STOP 开关拨到"STOP"位置	RUN 灯	

☑ 任务评价

一、自我评价（40 分）

由学生根据项目完成情况进行自我评价，评分值记录于表 3–3 中。

表 3–3　自我评价表

任务内容	配分	评分标准	扣分	得分
1. 接线	10 分	PLC I/O 接口、电源接口接线正确可得满分，接线错误每处可酌情扣 2～3 分		
2. 程序输入	30 分	能够正确输入程序可得满分，输入程序出错每处可酌情扣 2～3 分		
3. 运行程序	30 分	能够正确运行程序并记录运行结果可得满分，出错每处可酌情扣 2～3 分		
4. 运行情况记录	10 分	记录完整且正确可得满分，不完整或出错每处可酌情扣 2～3 分		
5. 安全、文明操作	20 分	（1）违反操作规程，产生不安全因素，可酌情扣 7～10 分； （2）迟到、早退、工作场地不清洁，每次扣 1～2 分		
总评分＝（1～5 项总分）×40%				

签名：＿＿＿＿＿＿＿　＿＿＿年＿＿月＿＿日

二、小组评价（30 分）

由同一小组实训同学结合自评的情况进行互评，将评分值记录于表 3–4 中。

表 3–4　小组评价表

任务内容	配分	得分
1. 实训记录与自我评价情况	20 分	
2. 对实训室规章制度学习与掌握情况	20 分	
3. 相互帮助与协助能力	20 分	

续表

任务内容	配分	得分
4. 安全、质量意识与责任心	20 分	
5. 能否主动参与整理工具、器材和清洁场地	20 分	
总评分=（1～5 项总分）×30%		

参加评价人员签名：_____ _____年____月____日

三、教师评价（30 分）

由指导教师结合自评和互评的结果进行综合评价，并将评价意见与评分值记录于表 3-5 中。

表 3-5 教师评价表

教师总体评价意见：	
教师评分（30 分）	
总评分=自我评分+小组评分+教师评分	

教师签名：_____ _____年____月____日

任务 2 四节皮带运输机控制

✓ 任务目标

（1）会描述三菱 FX 系列 PLC 内部辅助寄存器的功能及应用。

（2）会应用三菱 FX 系列 PLC 定时器、内部辅助寄存器进行四节皮带运输机的程序设计。

（3）熟悉三菱 FX 系列 PLC 梯形图程序调试的步骤及方法。

✓ 工作任务

如图 3-13 所示，某自动装配车系统由 4 个皮带机组成，其中，1#皮带机由电动机 M1 带动，2#皮带机由电动机 M2 带动，3#皮带机由电动机 M3 带动，4#皮带机由电动机 M4 带动。按下启动按钮，4#皮带机先运行；5 s 后，3#皮带机运行；又过 5 s 后，2#皮带机运行；再过 5 s 后，1#皮带机运行。按下停止按钮，1#皮带机先停止运行；5 s 后，2#皮带机停止运行；又过 5 s 后，3#皮带机停止运行；再过 5 s 后，4#皮带机停止运行。试设计该装配车系统皮带运输机的 PLC 控制系统。

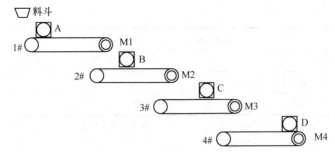

图 3-13   皮带运输机控制系统

✓ 任务分析

皮带运输机是用于原材料输送的流水线设备，广泛用于冶金、化工、机械、煤矿和建材等工业生产中。如图 3-13 所示，这类系统控制需要动作稳定，具备连续可靠的工作能力，同时考虑到原材料运输过程中要启、停处理的情况较多，对于设备控制也有一些特殊的要求。采用 PLC 实现对原材料运输的控制，可以满足实际工艺要求下的各种控制条件。本项目的程序设计主要考虑如何实现启、停过程中的延时控制。

✓ 知识链接

一、辅助继电器的定义

辅助继电器和输出继电器一样，是由程序驱动的。每个辅助继电器也有无数对常开、常闭触点供编程使用，其作用相当于继电器控制线路中的中间继电器。辅助继电器的接点在 PLC 内部编程时可以任意使用，但它不能直接驱动负载，外部辅助必须由输出继电器的输出接点来驱动。

二、辅助继电器的分类

1. 通用辅助继电器（M0～M499）

通用辅助继电器共 500 个点，没有断电保持功能；PLC 上电前，所有通用辅助继电器均自动复位为"OFF"状态；上电时，除了因外部输入信号而变为"ON"状态的通用辅助继电器以外，其余均保持"OFF"状态；上电后状态，则由输入信号决定。

2. 掉电保持辅助继电器（M500～M3071）

掉电保持辅助继电器共 2 572 个点；PLC 断电时，PLC 内部的锂电池将掉电保持辅助继电器状态保持在相应的映像寄存器中；重新上电后，再从映像寄存器中调入断电时的状态，并在该基础上继续工作。M500～M1023 可以通过软件设定为通用辅助继电器。

3. 特殊辅助继电器（M8000～M8255）

特殊辅助继电器共 256 个点，用于 PLC 的特殊状态，它们各有各自特殊的功能。例如，提供时钟脉冲和标注，可设定 PLC 运行方式，或者用于步进顺序等。

1）只能利用触点的特殊辅助继电器

只能利用触点的特殊辅助继电器，线圈由 PLC 自动驱动，用户只能利用其触点。

M8000——运行监控用特殊辅助继电器，PLC 运行时接通；

M8001——运行监控用特殊辅助继电器，PLC 停止运行时接通；

M8002——在运行开始瞬间接通的初始脉冲特殊辅助继电器，可用其常开触头初始化断电保持继电器；

M8011——PLC 上电后，产生 10 ms 时钟脉冲的特殊辅助继电器；

M8012——PLC 上电后，产生 100 ms 时钟脉冲的特殊辅助继电器；

M8013——PLC 上电后，产生 1 s 时钟脉冲的特殊辅助继电器；

M8014——PLC 上电后，产生 1 min 时钟脉冲的特殊辅助继电器。

2）可驱动线圈型特殊辅助继电器

可驱动线圈型特殊辅助继电器，用户激励线圈后，PLC 做特定动作。

M8030——线圈通电后，表示电池电压降低的发光二极管；

M8033——PLC 停止时，输出保持特殊辅助继电器；

M8034——禁止全部输出特殊辅助继电器，即所有外部输出均为"OFF"，但 PLC 程序仍然正常执行；

M8039——定时扫描特殊辅助继电器。

三、辅助继电器举例

例 1　如图 3-14 所示梯形图及时序图，如果 X000 有输入，输出 Y000 是什么？

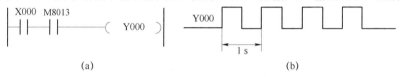

(a)　　　　　　(b)

图 3-14　梯形图及时序图

（a）梯形图；（b）时序图

解：X000=1，Y000=X000，M8013=M8013，输出是周期为 1 s 的时钟脉冲。

例 2　如图 3-15 所示梯形图，X000 对应按钮输入时，如何只按一下就使 Y000 一直有输出？

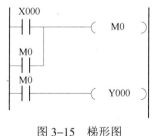

图 3-15　梯形图

解：X000=1，M0=1 并自锁，由于 M0 自锁，M0 常开触点闭合，所以 Y000=1。

任务实施

一、确定输入/输出设备

由皮带运输机的控制要求可以看出，控制系统输入设备有 2 个，分别是启动按钮和停止按钮；输出设备有 4 个，分别为电动机 M1、M2、M3、M4 及其运行交流接触器 KM1、KM2、KM3、KM4。

二、I/O 分配

把 I/O 接口分配填写在表 3–6 中。

表 3–6 I/O 接口分配表

输入信号			输出信号		
名称	代号	输入点编号	名称	代号	输出点编号

三、绘制 PLC 外部接线图

根据皮带运输机控制的 I/O 接口分配情况，在下面空白处绘制 PLC 外部接线图。

四、编写控制程序

根据皮带运输机的控制要求，在下面空白处编写梯形图。

五、安装、上机调试并运行程序

（1）根据皮带运输机外部接线图，完成 PLC 主机模块和输入/输出设备（启动按钮、停止按钮和电动机 M1、M2、M3、M4）之间的信号线，电源线连接。

（2）接通电源，启动编程软件，设计梯形图程序。

（3）使 PLC 处于"STOP"状态，编译成功后，将程序下载到 PLC 主机。

（4）将 CPU 置为"RUN"状态，运行梯形图程序，改变各输入设备的状态，观察输出设备的运行情况，并将观察结果记录在表 3–7 中。

表 3-7 皮带运输机运行情况记录表

操作步骤	操作内容	观察内容	观察结果
1	将 RUN/STOP 开关拨到 "RUN" 位置	RUN 灯	
2	按下启动按钮	观察 M1~M4 运行情况	
3	按下停止按钮		
4	将 RUN/STOP 开关拨到 "STOP" 位置	RUN 灯	

任务评价

一、自我评价（40分）

由学生根据项目完成情况进行自我评价，评分值记录于表 3-8 中。

表 3-8 自我评价表

任务内容	配分	评分标准	扣分	得分
1. 接线	10 分	PLC I/O 接口、电源接口接线正确可得满分，接线错误每处可酌情扣 2~3 分		
2. 程序输入	30 分	能够正确输入程序可得满分，输入程序出错每处可酌情扣 2~3 分		
3. 运行程序	30 分	能够正确运行程序并记录运行结果可得满分，出错每处可酌情扣 2~3 分		
4. 运行情况记录	10 分	记录完整且正确可得满分，不完整或出错每处可酌情扣 2~3 分		
5. 安全、文明操作	20 分	（1）违反操作规程，产生不安全因素，可酌情扣 7~10 分；（2）迟到、早退、工作场地不清洁，每次扣 1~2 分		
总评分=（1~5 项总分）×40%				

签名：_____ ____年___月___日

二、小组评价（30分）

由同一小组实训同学结合自评的情况进行互评，将评分值记录于表 3-9 中。

表 3-9 小组评价表

项目内容	配分	得分
1. 实训记录与自我评价情况	20 分	
2. 对实训室规章制度学习与掌握情况	20 分	
3. 相互帮助与协助能力	20 分	
4. 安全、质量意识与责任心	20 分	
5. 能否主动参与整理工具、器材和清洁场地	20 分	
总评分=（1~5 项总分）×30%		

参加评价人员签名：_____ ____年___月___日

三、教师评价（30 分）

由指导教师结合自评和互评的结果进行综合评价，并将评价意见与评分值记录于表 3-10 中。

表 3-10　教师评价表

教师总体评价意见：	
教师评分（30 分）	
总评分=自我评分+小组评分+教师评分	

教师签名：＿＿＿＿＿＿　＿＿＿年＿＿月＿＿日

项目小结

（1）在本项目中，主要学习定时器指令，掌握定时器的功能和使用方法。定时器的使用主要是如何进行定时器的时间设置，关键是学会如何利用定时器的常开和常闭触点来接通和断开输出。

（2）本项目学习了辅助继电器，能够灵活把辅助继电器运用于程序的编程设计，熟记特殊辅助继电器的用法，如常用特殊辅助继电器 M8000、M8002、M8013 的用法。

（3）通过在本项目中应用定时器指令实现循环闪光灯和四节皮带运输机的功能，进一步熟悉对基本指令的应用（特别是对定时器的应用），熟悉一些常用的控制程序，并逐步掌握编制简单程序的方法。

研讨与练习

（1）设计一个程序：当开关 X000 闭合，10 s 后 Y000 有输出。

（2）设计一个程序：当开关 X000 闭合后，Y000 有输出；5 s 后，Y000 输出停止。

（3）设计一个程序：当开关 X002 闭合，Y001 有输出；2 s 后，Y001 输出停止，Y002 有输出；当开关 X002 断开，所有输出停止。

（4）设计一个程序：当按钮 X000 按下后，电动机 M1 先动，5 s 后，电动机 M2 开始动，再经过 5 s，电动机 M3 开始动；当按下 X001 按钮后，所有输出停止。

（5）设计一个程序：当按下 X000 按钮后，电动机 M1 先动，5 s 后，电动机 M2 开始动，再经过 5 s，电动机 M3 开始动；当按下 X001 按钮后，M3 先停止，5 s 后，M2 停止，再经过 5 s，M1 停止。

（6）试设计一个振荡电路（闪烁电路），其控制要求如下：X000 外接 SB0 按钮，如果 Y000 外接指示灯 L0，L0 就会产生亮 3 s 灭 2 s 的闪烁效果。试编写该 PLC 控制的梯形图并画出时序图。

（7）用 PLC 组成一个四组抢答器。其控制要求如下：

① 系统初始通电后，主控人员在总控制台上按"开始"按键 2 s 后，允许各队人员开始

抢答，即各队抢答按键有效；

②　抢答过程中，1～4 队中的任何一队抢先按下各自的抢答按键（S1、S2、S3、S4）后，该队指示灯（L1、L2、L3、L4）点亮，LED 数码显示系统显示当前的队号，并且其他队的人员继续抢答无效；

③　主控人员对抢答状态确认后，按"复位"按键，2 s 后系统又继续允许各队人员开始抢答，直至又有一队抢先按下自己的抢答按键。

项目 4　步进顺序控制

本项目主要目的是通过机械手和交通灯两个工作任务的学习，熟悉步进顺序控制设计的方法和步骤；会描述步进顺序控制指令的功能、表达形式及顺序功能图的组成要素；学会用步进顺序控制进行 PLC 梯形图的编程。

✓ 项目目标

知识目标

（1）会描述 PLC 状态软元件及应用。

（2）会描述 PLC 状态转移图和步进顺序控制指令的表达形式及对应关系。

（3）会描述顺序功能图的组成要素及基本结构形式。

（4）会描述顺序控制设计法的步骤。

能力目标

（1）能进行机械手程序设计及其外部接线。

（2）能进行交通灯程序设计及其外部接线。

（3）能使用步进指令实现控制功能。

素质目标

（1）养成独立思考和动手操作的习惯。

（2）养成小组协调合作的能力和互相学习的精神。

✓ 知识链接

梯形图或者指令表的方式编程虽然已为广大电气技术人员所接受，但对于一些复杂的控制系统，尤其是顺序控制系统，由于其内部的联锁、互动关系极其复杂，在程序的编制、修改和可读性等方面都存在许多缺陷。因此，近年来，新生产的 PLC 在梯形图语言之外，又增加了符合 IEC1131-3 标准的顺序功能图语言。顺序功能图（Sequential Function Chart，SFC）是描述控制系统的控制过程、功能和特性的一种图形语言，专门用于编制顺序控制程序。

所谓顺序控制，就是按照生产工艺的流程顺序，在各个输入信号及内部软元件的作用下，使各个执行机构自动有序地运行。使用顺序功能图设计程序，首先应根据系统的工艺流程，画出顺序功能图，然后根据顺序功能图画出梯形图或写出指令表。

三菱 FX 系列的 PLC，在基本逻辑指令之外也增加了两条简单的步进顺控指令，同时辅之以大量的状态继电器，用类似于 SFC 语言的状态转移图来编制顺序控制程序。

一、状态转移图

1. 流程图

首先，以彩灯循环点亮为例。彩灯循环点亮的过程如下：整个控制过程分为 4 个阶段（或工序），即复位、黄灯亮、绿灯亮、红灯亮。每个阶段又分别完成如下工作（也叫"动作"）：初始及停止复位，亮黄灯、延时，亮绿灯、延时，亮红灯、延时。各个阶段之间只要延时时间到就可以过渡（也叫"转移"）到下一阶段。因此，可以很容易画出其工作流程图，如图 4-1 所示。要让 PLC 来识别大家所熟悉的流程图，就需要将流程图"翻译"成如图 4-2 所示的状态转移图，完成"翻译"的过程就是本项目要解决的问题。

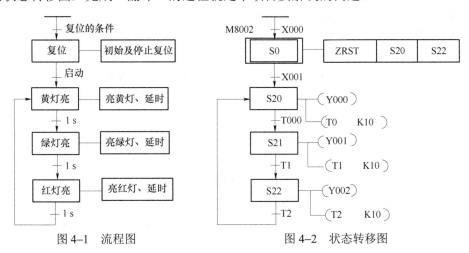

图 4-1 流程图   图 4-2 状态转移图

2. 状态转移图

状态转移图（图 4-2）又称"状态流程图"，是一种用状态继电器来表示的顺序功能图，是 FX 系列 PLC 专门用于编制顺序控制程序的一种编程语言。那么，要将流程图转化为状态转移图只要进行如下变换（即"翻译"）：将流程图中的每一个阶段（或工序）用 PLC 的一个状态继电器来表示；将流程图中每个阶段要完成的工作（或动作）用 PLC 线圈指令或功能指令来实现；将流程图中各个阶段之间的转移条件用 PLC 触点或电路块来替代；流程图中的箭头方向就是 PLC 状态转移图中的转移方向。

1）设计状态转移图的方法和步骤

下面以彩灯循环点亮控制系统为例，来说明设计 PLC 状态转移图的方法和步骤。

（1）将整个控制过程按任务要求分解成若干道工序，其中每一道工序对应一个状态（即一步），并分配状态继电器。彩灯循环点亮控制系统的状态继电器分配如下：复位→S0，黄灯亮→S20，绿灯亮→S21，红灯亮→S22。

（2）分清楚每个状态的功能。状态的功能是通过状态元件驱动各种负载（即通过线圈或功能指令来完成），负载可以由状态元件直接驱动，也可以由其他软触点的逻辑组合驱动。彩灯循环点亮控制系统的各状态功能如下：

S0：PLC 初始及停止复位（驱动 ZRST S20 S22 区间复位指令）。

S20：亮黄灯、延时（驱动 Y000，T0 线圈，使黄灯亮 1 s）。

S21：亮绿灯、延时（驱动 Y001，T1 线圈，使绿灯亮 1 s）。

S22：亮红灯、延时（驱动 Y002，T2 线圈，使红灯亮 1 s）。

（3）找出每个状态转移的条件和方向，即在什么条件下可将下一个状态"激活"。状态的转移条件可以是单一的触点，也可以是多个触点串、并联电路的组合。

彩灯循环点亮控制系统的转移条件如下：

S0：初始脉冲 M8002，停止按钮（动合触点）X000，并且明确这两个条件是与或的关系。

S20：一个是启动按钮 X001，另一个是从 S22 来的定时器 T2 的延时闭合触点。

S21：定时器 T0 的延时闭合触点。

S22：定时器 T1 的延时闭合触点。

（4）根据控制要求或工艺要求，画出状态转移图。

经过以上四步，可画出彩灯循环点亮控制系统的状态转移图，如图 4-2 所示。在图 4-2 中，S0 为初始状态，用双线框表示；其他状态为普通状态，用单线框表示；垂直线段中间的短横线表示转移条件（例如，X001 动合触点为 S0 到 S20 的转移条件，T0 动合触点为 S20 到 S21 的转移条件）；状态方框右侧的水平横线及线圈表示该状态驱动的负载。

2）状态的三要素

状态转移图中的状态有驱动负载、指定转移方向和转移条件三个要素，其中，指定转移方向和转移条件是必不可少的，驱动负载则要视具体情况而定，也可能不进行实际负载的驱动。在图 4-2 中，ZRST S20 S22 区间复位指令，Y000、T0 的线圈，Y001、T1 的线圈，Y002、T2 的线圈，分别由状态 S0、S20、S21 和 S22 驱动负载；X001、T0、T1、T2 的触点分别为 S0、S20、S21、S22 的转移条件；S20、S21、S22、S0 分别为 S0、S20、S21、S22 的转移方向。

3）状态转移和驱动的过程

当某一个状态被"激活"而成为"活状态"时，它右边的电路才被"处理"（即扫描），即该状态的负载可以被驱动。当该状态的转移条件已满足时，即执行转移，后续状态对应的状态继电器被 SET 或 OUT 指令驱动，后续状态变为活动的状态，同时，原活动状态对应的状态继电器被系统程序自动复位，其右边的负载也复位（SET 指令驱动的负载除外）。如图 4-2 所示状态转移图的驱动过程如下：

当 PLC 开始运行时，M8002 产生的初始脉冲使初始状态 S0 置为 1，进而使 ZRST S20 S22 有效，使 S20～S22 复位。当按下按钮 X001 时，状态转移到 S20，使 S20 置为 1，同时 S0 在下一个周期自动复位，S20 马上驱动 Y000，T0（亮黄灯、延时）。当延时到转移条件 T0 闭合时，状态从 S20 转移到 S21，使 S21 置为 1，同时驱动 Y001，T1（亮绿灯、延时），而 S20 在下一个周期自动复位，Y000、T0 线圈失电。当转移条件 T1 闭合时，状态从 S21 转移到 S22，使 S22 置为 1，同时驱动 Y002，T2（亮红灯、延时），而 S21 在下一个周期自动复位，Y001、T1 线圈失电。当转移条件 T2 闭合时，状态转移到 S20，使 S20 又置为 1，驱动 Y000，T0（亮黄灯、延时），而 S22 在下一个周期自动复位，Y002、T2 线圈失电，开始下一个循环。在上述过程中，若按下停止按钮 X000，则随时可以使状态 S20～S22 复位，同时 Y000～Y002、T0～T2 线圈也复位，彩灯熄灭。

3. 状态转移图的理解

若对应状态"有电"（即"激活"），则状态负载驱动和转移处理才有可能执行；若对应状态"无电"（即"未激活"），则状态负载驱动和转移处理就不可能执行。因此，除初始状态外，其他所有状态只有在前一个状态处于"激活"且条件成立时才可能被"激活"；同时，一旦下一个状态被激活，上一个状态自动变为"无电"。从 PLC 循环扫描的角度分析，在状态转移图中，所谓的"有电"或"激活"可以理解为该段程序被扫描执行；而"无电"或"未激活"则可以理解为该段程序被跳过，未能扫描执行。这样，状态转移图的分析变得条理清晰，无须考虑状态间复杂的联锁关系。

二、步进指令及其编程方法

状态转移图画好后，接下来的工作是如何将它变成指令表程序，即写出指令清单，以便通过编程工具将程序输入 PLC 中。

1. 步进顺控指令

FX 系列 PLC 仅有两条步进顺控指令，其中，STL（Step Ladder）是步进顺控开始指令，以使该状态的负载可以被驱动；RET 是步进顺控返回（也叫步进顺控结束）指令，它可以在步进顺控指令执行完毕时，使非步进顺控程序的操作在主母线上完成。为防止出现逻辑错误，步进顺控程序的结尾必须使用 RET 步进顺控返回指令。利用这两条指令，可以很方便地编制状态转移图的指令表程序。

2. 步进顺控指令的使用方法

对状态转移图的编程，就是如何使用 STL 指令和 RET 指令的问题。状态转移图的编程原则是：先进行负载的驱动处理，然后进行状态的转移处理。图 4-2 对应的指令表如表 4-1 所示，其状态梯形图如图 4-3 所示。

表 4-1　指令表

0	LD M8002	14	OUT Y000	27	SET S22
1	OR X000	15	OUT T0　K10	29	STL S22
2	SET S0	18	LD T0	30	OUT Y002
4	STL S0	19	SET S21	31	OUT T2 K10
5	ZRST S20 S22	21	STL S21	34	LD T2
10	LD X001	22	OUT Y001	35	OUT S20
11	SET S22	23	OUT T1 K10	37	RET
13	STL S20	26	LD T1	38	END

从指令表 4-1 可以看出，负载驱动及转移处理必须在 STL 指令后进行，负载的驱动通常使用 OUT 指令（也可以使用 SET、RST 及功能指令，还可以通过触点及其组合来驱动）；状态转移必须使用 SET 指令，但若为向上转移、向非相邻的下转移或向其他流程转移（也称"不连续转移"）；一般不使用 SET 指令，而选用 OUT 指令。

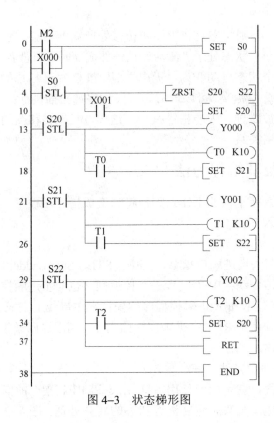

图 4–3　状态梯形图

任务 1　机械手 PLC 控制

✅ 任务目标

（1）会描述顺序功能图的三要素。

（2）会描述状态继电器的功能和用法。

（3）能根据顺序功能图转化成梯形图。

（4）会进行单流程程序的设计。

（5）会进行机械手的程序设计及其外部设计。

✅ 工作任务

设计一个用 PLC 控制的机械手控制系统，如图 4–4 所示。其控制要求如下：

在原点位置按启动按钮时，机械手连续工作一个周期，一个周期的工作过程为：原点→下降→夹紧（T）→上升→右移→下降→放松（T）→上升→左移到原点，时间 T 由教师现场设定。

说明：（1）机械手的工作是从 A 点将工件移到 B 点。

（2）原点位置机械夹钳处于夹紧位，机械手处于左上角位。

（3）机械手为"有电"夹紧，"无电"放松。

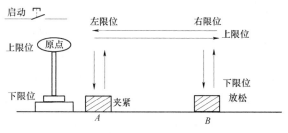

图 4-4 机械手动作示意图

 任务分析

本任务属于一种典型的顺序控制系统，用 PLC 来控制时，如果采用经验设计法来设计，则设计过程会比较烦琐。对于这种较复杂的顺序控制系统，一般多采用顺序控制设计法进行设计。如图 4-4 所示，工件在 A 处被机械手抓取并放到 B 处。

（1）按下启动开关，下降指示灯 YV1 点亮，机械手下降，下降到 A 处后夹紧工件，夹紧指示灯 YV2 点亮。

（2）夹紧工件后，机械手上升，上升指示灯 YV3 点亮，上升到位后，机械手右移，右移指示灯 YV4 点亮。

（3）机械手右移到位后，下降指示灯 YV1 点亮，机械手下降。

（4）机械手下降到位后，夹紧指示灯 YV2 熄灭，机械手放松。

（5）机械手放松后上升，上升指示灯 YV3 点亮。

（6）机械手上升到位后左移，左移指示灯 YV5 点亮。

（7）机械手回到原点后再次运行。

知识链接

单流程的程序设计

所谓单流程，就是指状态转移只有一个流程，没有其他分支。如彩灯循环点亮系统就只有一个流程，是一个典型的单流程程序示例。由单流程构成的状态转移图叫单流程状态转移图。

单流程的程序设计比较简单，其设计方法和步骤如下：

（1）根据控制要求，列出 PLC 的 I/O 分配表。

（2）将整个工作过程按工作步序进行分解，每个工作步对应一个状态，将其分为若干个状态。

（3）理解每个状态的功能和作用，即设计负载驱动程序。

（4）找出每个状态的转移条件和转移方向。

（5）根据以上分析，画出控制系统状态转移图。

（6）根据状态转移图写出指令表。

任务实施

一、I/O 分配

在机械手 PLC 控制中，PLC 的 I/O 分配如表 4-2 所示。

表 4-2   I/O 分配表

序号	PLC 地址（PLC 端子）	电气符号（面板端子）	功能说明
1	X000	SB1	启动开关
2	X001	SQ1	下限位开关
3	X002	SQ2	上限位开关
4	X003	SQ3	右限位开关
5	X004	SQ4	左限位开关
6	Y000	YV1	下降指示灯
7	Y001	YV2	夹紧指示灯
8	Y002	YV3	上升指示灯
9	Y003	YV4	右移指示灯
10	Y004	YV5	左移指示灯
11	Y005	HL	原位指示灯
12	主机 COM0、COM1、COM2 接电源 GND		电源地端

二、硬件接线

机械手控制系统 PLC 输入/输出接线图如图 4-5 所示。PLC 输出、负载都用指示灯代替。

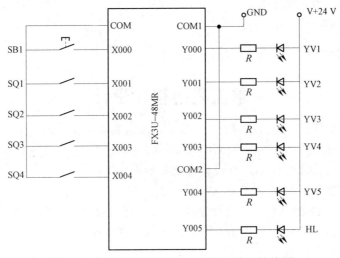

图 4-5   机械手控制系统 PLC 输入/输出接线图

三、编程

根据系统控制要求及 PLC 的 I/O 分配，自行在下面空白处编写梯形图。

四、安装、上机调试并运行程序

按照输入/输出接线图接好外部连线，输入程序，运行调试，并观察结果。

任务评价

一、自我评价（40分）

由学生根据项目完成情况进行自我评价，评分值记录于表4–3中。

表4–3　自我评价表

任务内容	配分	评分标准	扣分	得分
1. 接线	10 分	PLC I/O 接口、电源接口接线正确可得满分，接线错误每处可酌情扣 2～3 分		
2. 程序输入	30 分	能够正确输入程序可得满分，输入程序出错每处可酌情扣 2～3 分		
3. 运行程序	30 分	能够正确运行程序并记录运行结果可得满分，出错每处可酌情扣 2～3 分		
4. 运行情况记录	10 分	记录完整且正确可得满分，不完整或出错每处可酌情扣 2～3 分		
5. 安全、文明操作	20 分	（1）违反操作规程，产生不安全因素，可酌情扣 7～10 分； （2）迟到、早退、工作场地不清洁，每次扣 1～2 分		
总评分＝（1～5 项总分）×40%				

签名：_____　_____年___月____日

二、小组评价（30分）

由同一小组实训同学结合自评的情况进行互评，将评分值记录于表4–4中。

表4–4　小组评价表

任务内容	配分	得分
1. 实训记录与自我评价情况	20 分	
2. 对实训室规章制度学习与掌握情况	20 分	
3. 相互帮助与协助能力	20 分	
4. 安全、质量意识与责任心	20 分	
5. 能否主动参与整理工具、器材和清洁场地	20 分	
总评分＝（1～5 项总分）×30%		

参加评价人员签名：_____　_____年___月____日

三、教师评价（30分）

由指导教师结合自评和互评的结果进行综合评价，并将评价意见与评分值记录于表4-5中。

表4-5　教师评价表

教师总体评价意见：	
教师评分（30分）	
总评分=自我评分+小组评分+教师评分	

教师签名：_____　_____年____月____日

任务2　交通灯控制

✓ 任务目标

（1）熟悉顺控指令的编程方法。
（2）会用并行性流程的程序设计。
（3）会进行交通灯程序设计及外部接线。

✓ 工作任务

设计一个PLC控制的交通灯控制系统，如图4-6所示。

按一下启动按钮，交通信号灯按照下面顺序开始循环工作。

（1）南北方向：绿灯亮6 s后熄灭，黄灯闪烁3 s后熄灭，红灯亮8 s后熄灭。

（2）东西方向：红灯亮9 s后熄灭，绿灯亮5 s后熄灭，黄灯闪烁3 s后熄灭。

（3）按一下停止按钮，所有的信号灯都熄灭。

交通灯工作时序图如图4-7所示。

图4-6　交通灯控制系统

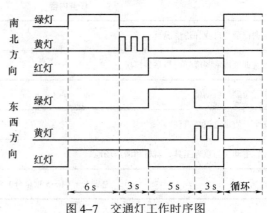

图4-7　交通灯工作时序图

本任务属于一种典型的顺序控制系统，用 PLC 来控制时，如果采用经验设计法来设计，则设计过程会比较烦琐。对于这种较复杂的顺序控制系统，一般多采用顺序控制设计法进行设计。本任务主要采用顺序控制设计法，根据以编程元件代表步的并行序列结构绘制顺序功能图。与本任务相关的知识有：并行性流程程序、顺序控制设计法、顺序功能图等。

并行性流程程序及其编程

一、并行性流程程序的特点

由两个及以上的分支流程组成的，但必须同时执行各分支的程序，称为并行性流程程序。如图 4-8 所示具有 3 个支路的并行性流程程序，其特点如下：

（1）若 S20 已动作，则只要分支转移条件 X000 成立，3 个流程（S21，S22；S31，S32；S41，S42）同时并列执行，没有先后之分。

（2）当各流程的动作全部结束时（先执行完的流程要等全部流程动作完成），一旦 X002 处于 "ON"，则汇合状态 S50 动作，S22、S32、S42 全部复位。若其中一个流程未执行完，则 S50 就不会动作。另外，并行性流程在同一时间可能有 2 个及 2 个以上的支路处于 "激活" 状态。

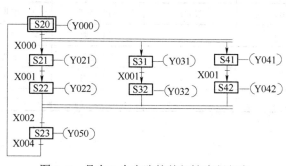

图 4-8　具有 3 个支路的并行性流程程序

二、并行性分支的编程

并行性分支的编程与选择性分支的编程一样，先进行驱动处理，然后进行转移处理，所有的转移处理按顺序执行。根据并行性分支的编程方法，首先对 S20 进行驱动处理（OUT Y000），然后按第一分支（S21，S22），第二分支（S31，S32），第三分支（S41，S42）的顺序进行处理。并行性分支程序的指令表，如表 4-6 所示。

表 4-6　并行性分支程序的指令表

STL S20	SET S21 转移到第一分支
OUT Y000 驱动处理	SET S31 转移到第二分支
LD　X000 转移条件	SET S41 转移到第三分支

三、并行性汇合的编程

　　并行性汇合的编程和选择性汇合的编程一样，也是先进行汇合前状态的驱动处理，然后按顺序向汇合状态进行转移处理。根据并行性汇合的编程方法，首先对 S21、S22、S31、S32、S41、S42 进行驱动处理，然后按 S22、S32、S42 的顺序向 S50 转移。

 任务实施

一、I/O 分配

　　在交通灯 PLC 控制中，有 2 个输入控制元件、6 个输出元件。其 PLC 控制的 I/O 分配，如表 4-7 所示。

表 4-7　交通灯 PLC 控制的 I/O 分配

输入信号			输出信号		
名称	代号	输入点编号	名称	代号	输出点编号
启动按钮	SB0	X000	南北绿灯	南北 G	Y000
停止按钮	SB1	X001	南北黄灯	南北 Y	Y001
			南北红灯	南北 R	Y002
			东西绿灯	东西 G	Y003
			东西黄灯	东西 Y	Y004
			东西红灯	东西 R	Y005

二、硬件接线

　　交通灯 PLC 输入/输出接线图，如图 4-9 所示。

三、编程

　　根据交通灯控制要求，采用并行性分支编程方法在下面空白处编写梯形图程序。

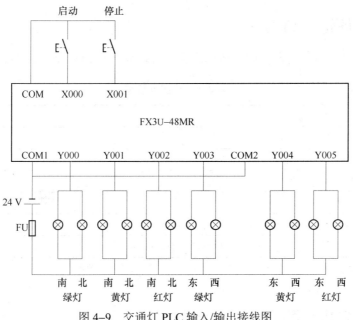

图 4-9　交通灯 PLC 输入/输出接线图

四、安装、上机调试并运行程序

按照输入/输出接线图接好外部连线，输入程序，运行调试并观察结果。

任务评价

一、自我评价（40分）

由学生根据项目完成情况进行自我评价，评分值记录于表4-8中。

表 4-8　自我评价表

任务内容	配分	评分标准	扣分	得分
1. 接线	10分	PLC I/O 接口、电源接口接线正确可得满分，接线错误每处可酌情扣2～3分		
2. 程序输入	30分	能够正确输入程序可得满分，输入程序出错每处可酌情扣2～3分		
3. 运行程序	30分	能够正确运行程序并记录运行结果可得满分，出错每处可酌情扣2～3分		
4. 运行情况记录	10分	记录完整且正确可得满分，不完整或出错每处可酌情扣2～3分		
5. 安全、文明操作	20分	（1）违反操作规程，产生不安全因素，可酌情扣7～10分； （2）迟到、早退、工作场地不清洁，每次扣1～2分		
总评分=（1～5项总分）×40%				

签名：_____　_____年____月____日

二、小组评价（30分）

由同一小组实训同学结合自评的情况进行互评，将评分值记录于表4-9中。

表4-9 小组评价表

任务内容	配分	得分
1. 实训记录与自我评价情况	20分	
2. 对实训室规章制度学习与掌握情况	20分	
3. 相互帮助与协助能力	20分	
4. 安全、质量意识与责任心	20分	
5. 能否主动参与整理工具、器材和清洁场地	20分	
总评分=（1~5项总分）×30%		

参加评价人员签名：_____ _____年____月____日

三、教师评价（30分）

由指导教师结合自评和互评的结果进行综合评价，并将评价意见与评分值记录于表4-10中。

表4-10 教师评价表

教师总体评价意见：	
教师评分（30分）	
总评分=自我评分+小组评分+教师评分	

教师签名：_____ _____年____月____日

项目小结

（1）STL指令是用于顺序控制的指令，在本项目中介绍了单序列、并行序列结构程序的编程方法。单流程的程序设计比较简单，其设计方法和步骤如下：

① 根据控制要求，列出PLC的I/O分配表。

② 将整个工作过程按工作步序进行分解，每个工作步对应一个状态，将其分为若干个状态。

③ 理解每个状态的功能和作用，设计负载驱动程序。

④ 找出每个状态的转移条件和转移方向。

⑤ 根据以上分析，画出控制系统状态转移图。

⑥ 根据状态转移图写出指令表。

（2）步进指令在生产自动化的自动控制中经常用到，应熟练掌握。

研讨与训练

（1）一组彩灯由"团结、勤奋、求实、创新"四组字形灯构成。要求四组灯轮流各亮 5 s 后，停 2 s，再四组灯齐亮 5 s，然后全部灯熄灭，2 s 后再循环。试绘制彩灯控制顺序功能图，并将其转换成梯形图。

（2）用步进顺控指令实现多台电动机顺序启、停控制。控制要求如下：现有 4 台电动机，启动顺序为 M1 启动 2 s 后启动 M2，M2 启动 3 s 后启动 M3，M3 启动 4 s 后启动 M4；停止顺序为 M4 首先停止，M4 停止 4 s 后 M3 停止，M3 停止 3 s 后 M2 停止，M2 停止 2 s 后 M1 停止。试使用 PLC 控制完成该控制要求。

项目5 功能指令

本项目的主要目的是熟悉功能指令的编程。熟悉传送指令、比较指令、位移指令等常用功能指令的功能，学会熟练运用常用功能指令进行 PLC 控制。本项目主要有高压风机的 PLC 控制、简易密码锁控制、音乐喷泉控制三个工作任务，操作者在实际操作过程中，应始终牢记安全操作规范，树立良好的安全意识。

✅ 项目目标

知识目标

（1）会描述常用功能指令的功能。

（2）会描述子元件和位元件之间的联系与区别。

（3）会描述传送比较指令 CMP 的工作原理。

（4）会描述移位指令的工作原理。

能力目标

（1）会使用数据传送指令 MOV 进行梯形图编程，能灵活地将 MOV 指令应用于各种控制中。

（2）会使用传送比较指令 CMP 进行编程。

（3）会使用移位指令进行编程。

素质目标

（1）养成独立思考和动手操作的习惯。

（2）养成小组协调合作的能力和互相学习的精神。

任务1　高压风机控制

✅ 任务目标

（1）会描述子元件和位元件之间的联系与区别。

（2）会使用传送比较指令进行编程。

（3）会使用数据传送指令进行高压风机控制的梯形图编程，能灵活地将数据传送指令应用于各种控制中。

✅ 工作任务

一般的高压风机，其主要的动力设备是电动机，如图 5-1 所示，此外还包括用来控制风机风阀位置的电动或手动执行器、风机阀门限位开关等部件。风机动力设备的传统控制方法是通过手动或继电器控制，存在可靠性和灵活性较差的问题。比如，由于电动机的容量大，就存在启动时间长、启动电流大、运行安全可靠性差等问题，为了解决这些问题，需要采取在启动高压风机时减少启动负荷、通过Y–△降压启动来降低启动电流、进行安全互锁控制等措施。

图 5-1　高压风机

高压风机控制需要采用Y–△降压启动，其控制要求如下：

按下启动按钮 SB1，主电源控制接触器 KM1 和Y运行接触器 KM2 得电，电动机Y–△减压启动，Y接法运行 6 s 后 KM2 线圈失电、△运行接触器 KM3 线圈得电，2 s 后转换为△接法运行，运行一段时间后，按下停止按钮 SB2，电动机停止运行。试使用功能指令实现此功能。

 知识链接

一、位元件和位元件组合

1. 位元件

位元件：只处理 ON/OFF 状态的元件，如 X、Y、M 和 S 等。

字元件：处理数据的元件，如 T、C 和 D 等。

2. 位元件组合

4 个位元件为一组，组合成单元，KnM0 中的 n 是组数。

例如，K2M0 表示由 M0～M7 组成的 8 位数据。

二、传送指令

1. 指令的基本格式

1）指令功能

指令 MOV 为数据传送指令，其使用格式如图 5-2 所示。

图 5-2　MOV 指令使用格式

说明：

（1）MOV 指令将源操作数据［S］传送到指定目标［D］中。

（2）当执行条件满足时，将［S］的内容传送给［D］，并且数据是利用二进制格式传送的。

（3）源操作数［S］的形式可以为 K、H、KnX、KnY、KnM、KnS、T、C、D、V、Z；目标操作数［D］的形式可以为 KnY、KnM、KnS、T、C、D、V、Z。

2）编程实例

（1）如图 5-3 所示，当 X000 处于"OFF"状态时，MOV 指令不执行，D1 中的内容保持不变；当 X000 处于"ON"状态时，MOV 指令将 K50 传送到 D1 中。

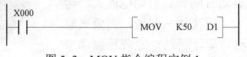

图 5-3　MOV 指令编程实例 1

（2）定时器、计数器设定值也可由 MOV 指令间接指定，如图 5-4 所示，T0 设定值为 K50。

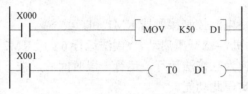

图 5-4　MOV 指令编程实例 2

（3）定时器、计数器的当前值读出，其格式如图 5-5 所示，当 X001 处于"ON"状态时，T0 的当前值被读入 D1 中。

图 5-5　MOV 指令编程实例 3

一、I/O 分配

高压风机 PLC 控制的 I/O 分配，如表 5-1 所示。

表 5-1　高压风机 PLC 控制 I/O 分配

输入信号			输出信号		
名称	代号	输入点编号	名称	代号	输出点编号
启动按钮	SB1	X000	主电源接触器	KM1	Y000
停止按钮	SB2	X001	Y运行接触器	KM2	Y001
			△运行接触器	KM3	Y002

二、编程

根据系统控制要求及 PLC 控制的 I/O 分配，控制梯形图如图 5-6 所示。

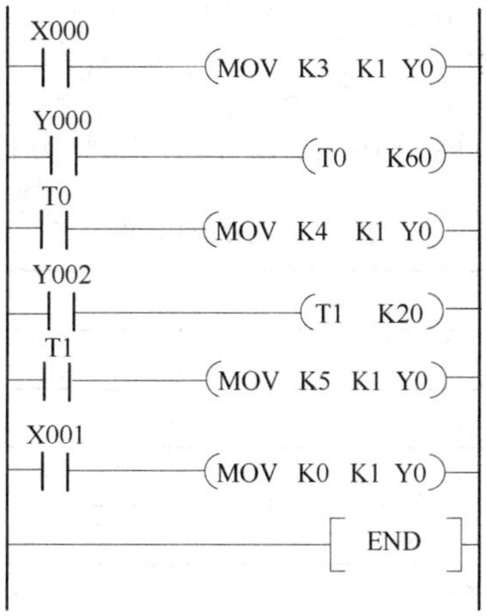

```
    X000
    ─┤├─                        ─(MOV  K3  K1 Y0)─
    Y000
    ─┤├─                        ─(T0    K60)─
    T0
    ─┤├─                        ─(MOV  K4  K1 Y0)─
    Y002
    ─┤├─                        ─(T1    K20)─
    T1
    ─┤├─                        ─(MOV  K5  K1 Y0)─
    X001
    ─┤├─                        ─(MOV  K0  K1 Y0)─
                                ─[ END ]─
```

图 5-6　控制梯形图

三、安装、上机调试并运行程序

操作：按下启动按钮 SB1，X000 得电，KM1 和 KM2 同时得电，此时，Y003～Y000 的状态应该是 0011，即 K1Y000=K3，电动机Y启动；6 s 后，减压启动结束，转为△运行，此时需要断开 KM1 和 KM2 线圈，接通 KM3 线圈，Y003～Y000 的状态应该是 0100，即 K1Y000=K4，然后接通 KM1 和 KM3 线圈，Y003～Y000 的状态应该是 0101，即 K1Y000=K5。电动机停止时，按下 SB2，X001 得电，应该断开所有接触器线圈，此时，Y003～Y000 的状态应该是 0000，即 K1Y000=K0。另外，电动机每个状态之间都应用时间间隔，具体的时间间隔由电动机的启动特性决定。

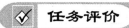 任务评价

一、自我评价（40 分）

由学生根据项目完成情况进行自我评价，评分值记录于表 5-2 中。

表 5-2　自我评价表

任务内容	配分	评分标准	扣分	得分
1. 接线	10 分	PLC I/O 接口、电源接口接线正确可得满分，接线错误每处可酌情扣 2～3 分		
2. 程序输入	30 分	能够正确输入程序可得满分，输入程序出错每处可酌情扣 2～3 分		
3. 运行程序	30 分	能够正确运行程序并记录运行结果可得满分，出错每处可酌情扣 2～3 分		
4. 运行情况记录	10 分	记录完整且正确可得满分，不完整或出错每处可酌情扣 2～3 分		
5. 安全、文明操作	20 分	（1）违反操作规程，产生不安全因素，可酌情扣 7～10 分；（2）迟到、早退、工作场地不清洁，每次扣 1～2 分		
总评分=（1～5 项总分）×40%				

签名：_____　_____年___月___日

二、小组评价（30分）

由同一小组实训同学结合自评的情况进行互评，将评分值记录于表5-3中。

表5-3　小组评价表

任务内容	配分	得分
1. 实训记录与自我评价情况	20分	
2. 对实训室规章制度学习与掌握情况	20分	
3. 相互帮助与协助能力	20分	
4. 安全、质量意识与责任心	20分	
5. 能否主动参与整理工具、器材和清洁场地	20分	
总评分＝（1～5项总分）×30%		

参加评价人员签名：＿＿＿＿＿＿＿　＿＿＿年＿＿月＿＿日

三、教师评价（30分）

由指导教师结合自评和互评的结果进行综合评价，并将评价意见与评分值记录于表5-4中。

表5-4　教师评价表

教师总体评价意见：	
教师评分（30分）	
总评分=自我评分+小组评分+教师评分	

教师签名：＿＿＿＿＿＿＿　＿＿＿年＿＿月＿＿日

任务2　简易密码锁控制

任务目标

（1）会描述比较指令CMP的工作原理。

（2）会使用CMP指令进行简易密码锁控制编程。

（3）能进行简易密码锁控制的外部接线、调试、操作。

工作任务

设计一个PLC控制密码锁。其控制要求如下：

密码锁有 3 个置数开关（12 个按钮），分别代表 3 个十进制数，若所拨数据与密码锁设定值相等，则 3 s 后开锁，20 s 后重新上锁。

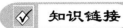 **知识链接**

比 较 指 令

一、指令功能

CMP 指令是两数比较指令，其格式如图 5-7 所示。

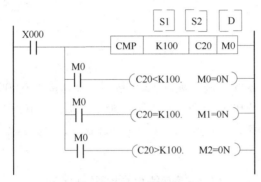

图 5-7　CMP 指令格式

说明：

（1）CMP 指令比较两个源操作数［S1］和［S2］，并把结果送到目标操作数［D］～［D+2］中。

（2）两个源操作数［S1］和［S2］的形式可以为 K、H、KnX、KnY、KnM、KnS、T、C、D、V、Z；而目标操作数的形式可以为 Y、M、S。

（3）两个源操作数［S1］和［S2］都被看作二进制，其最高位为符号位，如果该位为"0"，则表示该数为正；如果该位为"1"，则表示该数为负。

（4）目标操作数［D］由 3 个位元件组成，指令中标明的是第一个软元件，另外两个位软元件跟随其后。

（5）当执行条件满足时，执行比较指令，每扫描一次梯形图，就对两个源操作数［S1］和［S2］进行比较，结果如下：当［S1］＞［S2］时，［D］="ON"；当［S1］=［S2］时，［D+1］="ON"；当［S1］＜［S2］时，［D+2］="ON"。

（6）在指令前加"D"，表示操作数为 32 位；在指令后加"P"，表示指令脉冲为执行型。

二、编程实例

在如图 5-8 所示的梯形图中，将 K50 与 C20 两个源操作数进行比较，比较结果存放在 M10～M12 中，当 X010 状态为"OFF"时，CMP 指令不执行，M10～M12 保持比较前的状态。当 X010 状态为"ON"时，若 K50＞C20，则 M10 为"ON"；若 K50=C20，则 M11 为"ON"；若 K50＜C20，则 M12 为"ON"。

```
  X010
  ─┤├──┬──────────────( CMP  K50  C20  M10 )─
      │ M10
      ├──┤├─────────────────────────( Y000 )─
      │ M11
      ├──┤├─────────────────────────( Y001 )─
      │ M12
      └──┤├─────────────────────────( Y002 )─
```

图 5-8　CMP 指令编程实例

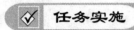 任务实施

一、I/O 分配

用比较器实现密码锁系统。密码锁有 12 个按钮，分别接入 X000～X013，其中，X000～X003 代表第一个十进制；X004～X007 代表第二个十进制；X010～X013 代表第三个十进制；密码锁控制信号从 Y000 输出。另外，密码锁密码由程序指令设定，假定为 H316。密码锁 PLC 控制的 I/O 分配，如表 5-5 所示。

表 5-5　密码锁 PLC 控制的 I/O 分配

输入信号			输出信号		
名称	代号	输入点编号	名称	代号	输出点编号
按钮 1～4	S0～S3	X000～X003	开锁装置	L0	Y000
按钮 5～8	S4～S7	X004～X007			
按钮 9～12	S10～S13	X010～X013			

二、编程

根据控制要求，若要解锁，则从 X000～X013 外送入数据和程序设定的密码应相等，可以使用数据比较指令实现判断。密码锁开启由 Y000 输出控制，其梯形图如图 5-9 所示。

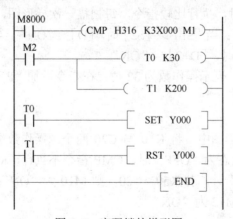

图 5-9　密码锁的梯形图

三、安装、上机调试并运行程序

操作：（1）通过按钮1～12输入任意一组数据，观察密码锁开锁装置的动作情况。若按钮数组输入值与密码设定值不符，则密码锁不能开启。

（2）将按钮1、按钮4、按钮6、按钮7、按钮8置0，其他按钮置1，观察密码锁开锁装置的动作情况。

（3）重新设置密码值，小组讨论按钮设置情况。

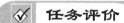 任务评价

一、自我评价（40分）

由学生根据项目完成情况进行自我评价，评分值记录于表5-6中。

表5-6 自我评价表

任务内容	配分	评分标准	扣分	得分
1. 接线	10分	PLC I/O接口、电源接口接线正确可得满分，接线错误每处可酌情扣2～3分		
2. 程序输入	30分	能够正确输入程序可得满分，输入程序出错每处可酌情扣2～3分		
3. 运行程序	30分	能够正确运行程序并记录运行结果可得满分，出错每处可酌情扣2～3分		
4. 运行情况记录	10分	记录完整且正确可得满分，不完整或出错每处可酌情扣2～3分		
5. 安全、文明操作	20分	（1）违反操作规程，产生不安全因素，可酌情扣7～10分；（2）迟到、早退、工作场地不清洁，每次扣1～2分		
总评分=（1～5项总分）×40%				

签名：_____ ____年____月____日

二、小组评价（30分）

由同一小组实训同学结合自评的情况进行互评，将评分值记录于表5-7中。

表5-7 小组评价表

任务内容	配分	得分
1. 实训记录与自我评价情况	20分	
2. 对实训室规章制度学习与掌握情况	20分	
3. 相互帮助与协助能力	20分	
4. 安全、质量意识与责任心	20分	
5. 能否主动参与整理工具、器材和清洁场地	20分	
总评分=（1～5项总分）×30%		

参加评价人员签名：_____ ____年____月____日

三、教师评价（30分）

由指导教师结合自评和互评的结果进行综合评价，并将评价意见与评分值记录于表5-8中。

表5-8　教师评价表

教师总体评价意见：	
教师评分（30分）	
总评分=自我评分+小组评分+教师评分	

教师签名：_____　_____年_____月_____日

任务3　音乐喷泉控制

✓ **任务目标**

（1）会描述移位指令的工作原理。

（2）会使用移位指令进行编程。

（3）能进行音乐喷泉控制的接线、调试、操作。

✓ **工作任务**

设计一个 PLC 控制音乐喷泉，如图5-10所示。其控制要求如下：

（1）置位启动开关 SD 为"ON"时，LED 指示灯依此循环显示 1→2→3…→8→1；2→3，4→5，6→7，8→1，2，3→4，5，6→7，8→1→2…，模拟当前喷泉"水流"状态。

（2）置位启动开关 SD 为"OFF"时，LED 指示灯停止显示，系统停止工作。

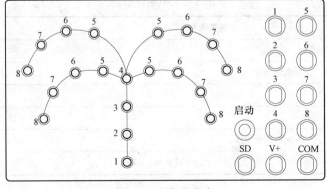

图5-10　音乐喷泉

知识链接

位元件左/右移位指令

一、指令助记符、代码和操作元件

指令助记符、代码和操作元件，如表 5-9 所示。

表 5-9　指令助记符、代码和操作元件

指令名称	助记符	指令代码	操作元件				程序步
			S	D	n1	n2	
位元件左移位指令	SFTL	FNC35	X, Y, M, S		K, H n2≤n1≤1 024		SFTR, SFTR（P）9 步
位元件右移位指令	SFTR	FNC34					SFTL, SFTL（P）9 步

二、指令功能

由表 5-9 可知，位元件左/右移位指令的源操作元件［S·］和目标操作元件［D·］都是位元件 X、Y、M 和 S，操作元件 n1 指定目标操作元件［D·］的长度，操作元件 n2 指定移位位置和源操作元件［D·］的长度。

位元件右移位指令及移位动作过程，如图 5-11 所示。源操作元件［S·］的长度为 2，即 X000 和 X001 组成源操作元件。目标操作元件［D·］的长度是 8，即 M0~M7 组成目标操作元件。当 X010 由断开到闭合时，执行 SFTR 指令，首先 M0~M7 由高位（元件编号大的）向低位右移 2 位，然后将 X001 和 X000 的状态分别"填补"到 M7 和 M6 中。

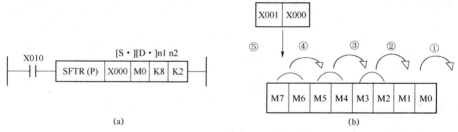

图 5-11　位元件右移指令及移位动作过程

（a）位元件右移指令；（b）移位动作过程

图 5-12 所示为位元件左移位指令及移位动作过程。

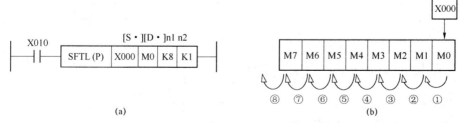

图 5-12　位元件左移指令及移位动作过程

（a）位元件左移指令；（b）移位动作过程

☑ **任务实施**

一、I/O 分配

音乐喷泉的 PLC 控制 I/O 分配，如表 5–10 所示。

表 5–10 音乐喷泉的 PLC 控制 I/O 分配

序号	PLC 地址（PLC 端子）	电气符号（面板端子）	功能说明
1	X000	SD	启动
2	Y000	1	喷泉 1 模拟指示灯
3	Y001	2	喷泉 2 模拟指示灯
4	Y002	3	喷泉 3 模拟指示灯
5	Y003	4	喷泉 4 模拟指示灯
6	Y004	5	喷泉 5 模拟指示灯
7	Y005	6	喷泉 6 模拟指示灯
8	Y006	7	喷泉 7 模拟指示灯
9	Y007	8	喷泉 8 模拟指示灯
10	主机 COM0、COM1、COM2 等接电源 GND		电源端

二、硬件接线

在下面空白处绘制音乐喷泉 PLC 控制的外部接线图，并进行 PLC 外部接线。

三、编程

设计程序，并在下面空白处填写梯形图程序。

四、安装、上机调试并运行程序

操作步骤：

（1）按控制接线图连接控制回路。

（2）将编译无误的控制程序下载至 PLC 中，并将模式选择开关拨至"RUN"状态。

（3）拨动启动开关 SD 为"ON"状态，观察并记录喷泉"水流"状态。

（4）尝试编译新的控制程序，实现不同于示例程序的控制效果。

任务评价

一、自我评价（40分）

由学生根据项目完成情况进行自我评价，评分值记录于表 5-11 中。

表 5-11　自我评价表

任务内容	配分	评分标准	扣分	得分
1. 接线	10 分	PLC I/O 接口、电源接口接线正确可以得满分，接线错误每处可酌情扣 2~3 分		
2. 程序输入	30 分	能够正确输入程序可得满分，输入程序出错每处可酌情扣 2~3 分		
3. 运行程序	30 分	能够正确运行程序并记录运行结果可得满分，出错每处可酌情扣 2~3 分		
4. 运行情况记录	10 分	记录完整且正确可得满分，不完整或出错每处可酌情扣 2~3 分		
5. 安全、文明操作	20 分	（1）违反操作规程，产生不安全因素，可酌情扣 7~10 分； （2）迟到、早退、工作场地不清洁，每次扣 1~2 分		
总评分=（1~5 项总分）×40%				

签名：_____　_____年____月____日

二、小组评价（30分）

由同一小组实训同学结合自评的情况进行互评，将评分值记录于表 5-12 中。

表 5-12　小组评价表

任务内容	配分	得分
1. 实训记录与自我评价情况	20 分	
2. 对实训室规章制度学习与掌握情况	20 分	
3. 相互帮助与协助能力	20 分	
4. 安全、质量意识与责任心	20 分	
5. 能否主动参与整理工具、器材和清洁场地	20 分	
总评分=（1~5 项总分）×30%		

参加评价人员签名：_____　_____年____月____日

三、教师评价（30分）

由指导教师结合自评和互评的结果进行综合评价，并将评价意见与评分值记录于表5–13中。

表5–13　教师评价表

教师总体评价意见：	
教师评分（30分）	
总评分=自我评分+小组评分+教师评分	

教师签名：_____　_____年____月____日

✓ 项目小结

本项目通过高压风机的 PLC 控制、简易密码锁控制和音乐喷泉控制这三个程序的设计，学习功能指令的应用，并进一步熟悉各类指令的应用。

✓ 研讨与练习

利用计数器和数据比较控制指令，设计 24 h 可设定时间的住宅控制器的控制程序（每 15 min 为一个设定单位，即 24 h 共有 96 个时间单位），要求实现如下控制：

（1）早上 6:30，闹钟每秒响一次，10 s 后自动停止。

（2）9:00～17:00，启动住宅自动报警系统。

（3）晚上 6:00 打开住宅照明。

（4）晚上 10:00 关闭住宅照明。

X000 为启停开关；X001 为 15 min 快速调整与试验开关；X002 为格数设定的快速调整与试验开关。使用时，早 0:00 时启动定时器。C0 为 15 min 计数器，当按下 X000 时，C0 当前值每过 1 s 加"1"，当 C0 当前值等于设定值 K900 时，即为 15 min。C1 为 96 格计数器，它的当前值每过 15 min 加"1"，当 C1 当前值等于设定值 K96 时，即为 24 h。另外，十进制常数 K26、K36、K68、K72、K88 分别为 6:30、9:00、17:00、18:00 和 22:00 的时间点。梯形图中 X001 为 15 min 快速调整与试验开关，它每过 10 ms 加"1"（M8011）；X002 为格数设定的快速调整与试验开关，它每过 100 ms 加"1"（M8012）。

项目6 全自动洗衣机控制

本项目的主要目的是学会应用 PLC 技术解决实际控制问题的思想和方法；熟悉运用基本指令、计数指令、步进指令进行 PLC 控制。本项目的工作任务是全自动洗衣机的控制。操作者在实际操作过程中，应始终牢记安全操作规范，树立良好的安全意识。

✅ 项目目标

知识目标

（1）会描述全自动洗衣机控制的工作任务。

（2）会分析全自动洗衣机控制运用的指令及其功能。

能力目标

（1）会运用所学的指令进行全自动洗衣机的 PLC 控制。

（2）会应用 PLC 技术解决实际控制问题。

素质目标

（1）养成独立思考和动手操作的习惯。

（2）养成小组协调合作的能力和互相学习的精神。

任务1 全自动洗衣机控制

✅ 任务目标

（1）会描述全自动洗衣机控制的工作任务。

（2）会分析全自动洗衣机控制运用的指令及其功能。

（3）会使用所学的指令进行全自动洗衣机的 PLC 控制。

（4）会应用 PLC 技术解决实际控制问题。

✅ 工作任务

设计一个用 PLC 控制的全自动洗衣机控制系统。其控制要求如下：

波轮式全自动洗衣机的洗衣桶（外桶）和脱水桶（内桶）是以同一个中心安装的。外筒固定用于盛水，内桶可以旋转，用于脱水（甩干）。内桶的四周有许多小孔，使内、外桶的水流相通。洗衣机进水和排水分别由进水电磁阀和排水电磁阀控制。进水时，控制系统将进水电磁阀打开，将水注入外桶；排水时，控制系统将排水电磁阀打开，将水由外桶排到机外。洗涤和脱水是由同一台电动机拖动，通过电磁离合器来控制，将动力传输给洗涤波轮或甩干桶（内桶）。电磁离合器失电，电动机带动洗涤波轮实现正、反转，进行洗涤；电磁离合器得电，电动机带动内桶单向旋转，进行甩干（此时波轮不转）。水位高低分别由高、低水位开关进行检测。启动按钮用来启动洗衣机工作。

全自动洗衣机工作流程示意图如图6-1所示。启动时，首先进水，到高位时停止进水，开始洗涤。正转洗涤15 s，暂停3 s后反转洗涤15 s，再暂停3 s后正转洗涤，如此反复30次。洗涤结束后，开始排水，当水位下降到低水位时，进行脱水（同时排水），脱水时间为10 s。这样完成一次从进水到脱水的大循环过程。经过3次上述大循环后（第2次、第3次为漂洗），完成洗衣进行报警，报警10 s后结束全过程，自动停机。

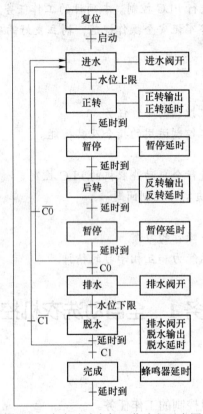

图6-1　全自动洗衣机工作流程示意图

知识链接

计 数 器

一、内部信号计数器

内部信号计数器是在执行扫描操作时对内部器件（如 X、Y、M、S、T 和 C）的信号进行计数的计数器，其接通时间和断开时间应比 PLC 的扫描周期稍长。

1. 16 位递加计数器

16 位递加计数器的设定值为 1～32 767。其中，C0～C99 共 100 点是通用型计数器，C100～

C199 共 100 点是断电保持型计数器。图 6-2 所示为梯形图，图 6-3 所示为时序图，说明了 16 位递加计数器的动作过程。X011 是计数输入，每当 X011 接通一次，计数器当前值加 "1"。当计数器的当前值为 "10"（即计数输入达到第十次）时，计数器 C0 的输出接点接通。之后，即使输入 X011 再接通，计数器的当前值也保持不变。当复位输入 X010 接通时，执行 RST 复位指令，计数器当前值复位为 "0"，输出接点也断开。计数器的设定值，除了可由常数 K 设定外，还可间接通过指定数据寄存器来设定。

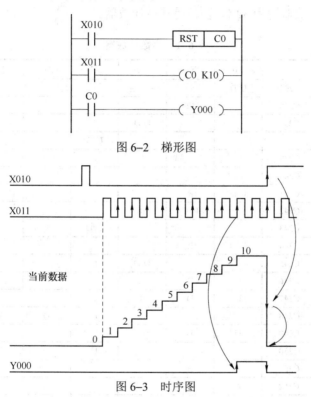

图 6-2　梯形图

图 6-3　时序图

2. 32 位双向计数器

32 位双向计数器的设定值为 –2 147 483 648～+2 147 483 647。其中，C200～C219 共 20 点是通用型计数器，C220～C234 共 15 点是断电保持型计数器。32 位双向计数器是递加型计数还是递减型计数由特殊辅助继电器 M8200～M8234 设定。特殊辅助继电器接通（置于 "1"）时，为递减计数；特殊辅助继电器断开（置于 "0"）时，为递加计数。与 16 位递加计数器一样，32 位双向计数器可直接用常数 K 或间接用数据寄存器 D 的内容作为设定值。间接设定时，要选用器件号紧连在一起的两个数据寄存器。

二、高速计数器

高速计数器共 21 点，地址编号为 C235～C255。但适用高速计数器输入的 PLC 输入端只有 6 点，即 X000～X005。如果这 6 个输入端中的一个已被某个高速计数器占用，它就不能再用于其他高速计数器（或其他用途）。也就是说，由于只有 6 个高速计数输入端，最多只允许 6 个高速计数器同时工作。

高速计数器的选择并不是任意的，它取决于所需计数器的类型及高速输入端子。高速计数器的类型如下：

（1）1相1输入无启动/复位端高速计数器C235～C240；

（2）1相带启动/复位端高速计数器C241～C245；

（3）1相2输入（双向）高速计数器C246～C250；

（4）2相输入（A–B相型）高速计数器C251～C25。

表6–1所示为计数器均为32位递加/递减型计数器。

表6–1　高数计数器

输入		X0	X1	X2	X3	X4	X5	X6	X7
1相1计数输入	C235	U/D							
	C236		U/D						
	C237			U/D					
	C238				U/D				
	C239					U/D			
	C240						U/D		
	C241	U/D	R						
	C242		U/D	R					
	C243				U/D	R			
	C244	U/D	R					S	
	C245			U/D	R				S
1相2计数输入	C246	U	D						
	C247	U	D	R					
	C248				U	D	R		
	C249	U	D	R				S	
	C250				U	D	R		S
2相2计数输入	C251	A	B						
	C252	A	B	R					
	C253				A	B	R		
	C254	A	B	R				S	
	C255				A	B	R		S

高速计数器是按中断原则运行的，因而它独立于扫描周期，选定计数器的线圈应以连续方式驱动，以表示这个计数器及其有关输入连续有效，其他高速处理不能再用其输入端子。图6–4所示为高速计数器的输入。当X020接通时，选中高速计数器C235，而由表6–1中可

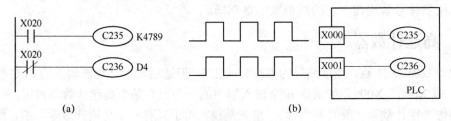

（a）　　　　　　　　　　　　　　（b）

图6–4　高数计数器的输入

（a）梯形图；（b）时序图

查出，C235 对应的计数器输入端为 X000，计数器输入脉冲应为 X000 而不是 X020。当 X020 断开时，线圈 C235 断开，同时 C236 接通，选中计数器 C236，其计数脉冲输入端为 X001。需要特别注意的是，不能用计数器输入端接点作为计数器线圈的驱动接点。

下面分别对 3 类高速计数器加以说明。

1. 1 相 1 输入无启动/复位端高速计数器 C235～C240

该种高速计数器的计数方式及接点动作与前述普通 32 位双向计数器相同。计数器做递加计数时，当计数值达到设定值时，接点动作并保持；做递减计数时，到达计数值则复位。1相 1 输入计数方向取决于其对应标志 M8×××（×××为对应的计数器地址号），C235～C240 高速计数器各有一个计数输入端，如图 6-5 所示。现以 C235 为例来说明此类计数器的动作过程。X010 接通，方向标志 M8235 置位，计数器 C235 递减计数；反之，则递加计数。当 X011 接通，C235 复位为"0"，接点 C235 断开。当 X012 接通，C235 选中，从表 6-1 可知，对应计数器 C235 的输入为 X000，C235 对 X000 输入的脉冲信号进行计数。

2. 1 相带启动/复位端高速计数器 C241～C245

该种高速计数器各有一个计数输入端和一个复位输入端。计数器 C244 和 C245 还有一个启动输入端。现以图 6-6 所示的 C245 为例，来说明此类高速计数器的动作过程。当方向标志 M8245 接通时，C245 递减计数；M8245 断开时，C245 递加计数。当 X014 接通，C245 高速计数器像普通 32 位双向计数器一样复位。从表 6-1 中可知，C245 还能由外部输入端 X003 复位。计数器 C245 还有外部启动输入端 X007。X007 接通，C245 计数器开始计数；X007 断开，C245 停止计数。当 X015 选通 C245，开始对 X002 输入端的脉冲进行计数。需要说明的是，对 C245 计数器设置 D0，实际上是设置 D0、D1，因为计数器为 32 位。而外部控制启动端 X007 和复位端 X003 是立即响应的，它不受程序扫描周期的影响。

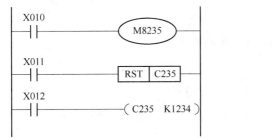

图 6-5　C235 高数计数器

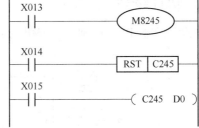

图 6-6　C245 计数器

3. 1 相 2 输入（双向）高速计数器 C246～C250

C246～C250 这 5 个高速计数器有两个输入端，一个递加，一个递减。有的还具有复位端和启动输入端。现以图 6-7 所示的 C246 计数器为例，来说明它们的计数动作过程。当

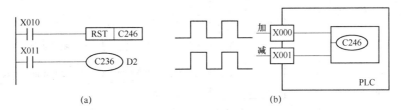

(a)　　　　　　　　　　　　(b)

图 6-7　C246 计数器

（a）梯形图；（b）时序图

X010 接通，C246 高速计数器像普通 32 位双向计数器一样，用同样方式复位。对高速计数器 C246，X000 为递加计数端，X001 为递减计数端。X011 接通时，选中 C246 计数器，使 X000、X001 输入有效。X000 由断开到接通，C246 计数器加"1"；X001 由断开到接通，C246 计数器减"1"。

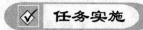

一、I/O 分配

在全自动洗衣机的 PLC 控制中，有 3 个输入元件，有 6 个输出元件。洗衣机 PLC 控制系统中输入/输出元件的地址分配，如表 6-2 所示。

表 6-2 I/O 分配表

输入信号			输出信号		
名称	代号	输入点编号	名称	代号	输出点编号
启动按钮	SB1	X000	进水电磁阀控制	KA1	Y000
高水位开关	SQ1	X001	电动机正转控制	KM1	Y001
低水位开关	SQ2	X002	电动机反转控制	KM2	Y002
			排水电磁阀控制	KA2	Y003
			脱水电磁离合器控制	KA3	Y004
			报警蜂鸣器控制	KA4	Y005

二、硬件接线

全自动洗衣机 PLC 控制输入/输出接线图，如图 6-8 所示。

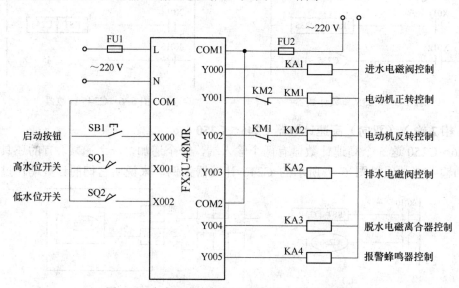

图 6-8 全自动洗衣机 PLC 控制输入/输出接线图

三、编程

根据全自动洗衣机的系统控制要求及 PLC 控制的 I/O 分配，洗衣机 PLC 控制程序如下：

（1）根据洗衣机的控制要求，采用基本逻辑指令编写梯形图程序，如图 6-9 所示（按"启—保—停"控制的思路编程）。

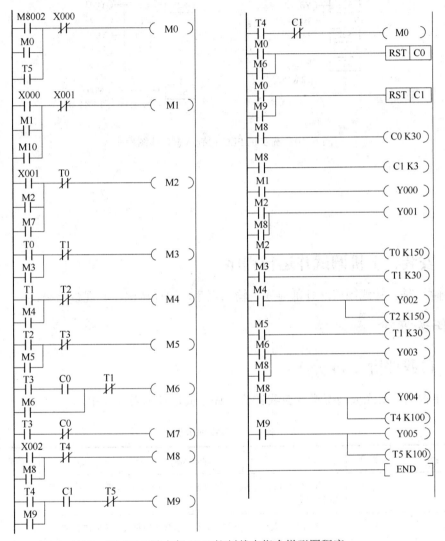

图 6-9　洗衣机 PLC 控制基本指令梯形图程序

（2）根据洗衣机的控制要求，采用顺序功能图法编写的状态转移图程序，如图 6-10 所示。

（3）根据状态转移图，在下面空白处编写步进梯形图程序。

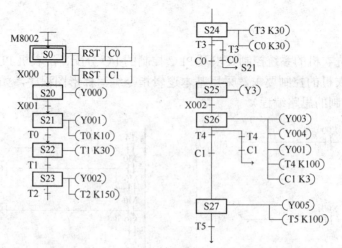

图 6-10　洗衣机 PLC 控制状态转移图程序

四、安装、上机调试并运行程序

按照输入/输出接线图接好外部连线，输入程序，运行调试，并观察结果。

 任务评价

一、自我评价（40 分）

由学生根据项目完成情况进行自我评价，评分值记录于表 6-3 中。

表 6-3　自我评价表

任务内容	配分	评分标准	扣分	得分
1. 接线	10 分	PLC I/O 接口、电源接口接线正确可得满分，接线错误每处可酌情扣 2~3 分		
2. 程序输入	30 分	能够正确输入程序可得满分，输入程序出错每处可酌情扣 2~3 分		
3. 运行程序	30 分	能够正确运行程序并记录运行结果可得满分，出错每处可酌情扣 2~3 分		
4. 运行情况记录	10 分	记录完整且正确可得满分，不完整或出错每处可酌情扣 2~3 分		
5. 安全、文明操作	20 分	（1）违反操作规程，产生不安全因素，可酌情扣 7~10 分； （2）迟到、早退、工作场地不清洁，每次扣 1~2 分		
总评分=（1~5 项总分）×40%				

签名：_____　　____年____月____日

二、小组评价（30分）

由同一小组实训同学结合自评的情况进行互评，将评分值记录于6-4中。

表6-4　小组评价表

任务内容	配分	得分
1. 实训记录与自我评价情况	20分	
2. 对实训室规章制度学习与掌握情况	20分	
3. 相互帮助与协助能力	20分	
4. 安全、质量意识与责任心	20分	
5. 能否主动参与整理工具、器材和清洁场地	20分	
总评分=（1～5项总分）×30%		

参加评价人员签名：_____　____年____月____日

三、教师评价（30分）

由指导教师结合自评和互评的结果进行综合评价，并将评价意见与评分值记录于表6-5中。

表6-5　教师评价表

教师总体评价意见：	
教师评分（30分）	
总评分=自我评分+小组评分+教师评分	

教师签名：_____　____年____月____日

✓ 项目小结

通过全自动洗衣机控制系统的设计，对于同一控制要求的工作任务，可以用常用的基本指令进行编程，也可以用步进指令进行编程。由此可见，程序设计的方法有很多种，学生要学会应用PLC技术解决实际控制问题的思想和方法。

✓ 研讨与训练

（1）按钮计数控制工作示意图如图6-11所示：按钮按下三次，信号灯亮；再按两次，信号灯灭。

图6-11　按钮计数控制工作示意图

（2）用 PLC 控制污水处理过程。其控制要求如下：按 S09 按钮选择废水的程度（"0" 为轻度，"1" 为重度）；按 S01（启动按钮）启动污水泵，污水到位后，由 PC 机发出污水 到位信号，关闭污水泵；启动 1 号除污剂泵，1 号除污剂到位后，由 PC 机发出 1 号除污 剂到位信号，关闭 1 号除污剂泵。如果是轻度污水，启动搅拌泵；如果是重度污水，启动 2 号除污剂泵。2 号除污剂到位后，由 PC 机发出 2 号除污剂到位信号，关闭 2 号除污剂 泵，启动搅料泵，延时 6 s，关闭搅料泵，启动放水泵，放水到位后，由 PC 机发出放水到 位信号，关闭放水泵，延时 1 s，开启罐底的门，污物自动落下，计数器自动累加 "1"， 延时 4 s 关闭。当计数器的值不为 "3" 时，延时 2 s，继续第二次排污工艺。当计数器的 值累加到 "3" 时，延时 2 s，计数器自动清零，小车启动，延时 6 s，继续排污工艺。如 果按 S02（停止按钮），则关闭罐底的后门，延时 2 s，整个工艺停止。污水处理过程的工 艺图，如图 6-12 所示。

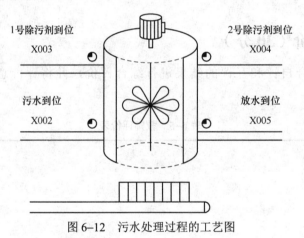

图6-12　污水处理过程的工艺图

参 考 文 献

[1] 苏家健，顾阳. 可编程序控制器应用实训 [M]. 北京：电子工业出版社，2008.

[2] 史宜巧，孙业明，景绍学. PLC 技术及应用项目教程 [M]. 北京：机械工业出版社，2009.

[3] 姜新桥，石建华. PLC 应用技术项目教程 [M]. 北京：电子工业出版社，2010.

[4] 李乃夫. PLC 技术及应用项目式教学 [M]. 北京：高等教育出版社，2012.